UNIVERSALE
ECONOMICA
FELTRINELLI / SAGGI

GUIDO TONELLI
Materia
La magnifica illusione

Prima edizione in "Varia" maggio 2023
Prima edizione nell'"Universale Economica" – SAGGI febbraio 2025

ISBN 978-88-07-89964-5

Al dolcissimo Leon

"La materia è la grande illusione. La materia, cioè, si manifesta nella forma e la forma è un fantasma."

JACK LONDON

"Siamo fatti anche noi della materia di cui sono fatti i sogni; e nello spazio e nel tempo d'un sogno è racchiusa la nostra breve vita."

WILLIAM SHAKESPEARE

Prologo

Posara, Toscana, 11 agosto 1945

Ormai le salite erano finite. Restava solo il tratto in discesa che portava da Moncigoli al paese. Non vedeva l'ora di arrivare per dare a tutti la grande notizia. Ce l'avevano fatta, lui e Attilio, suo cognato, il miglior meccanico della città. Avevano trovato casa e preso accordi per l'affitto.

L'appartamento era in centro, a La Spezia, in un palazzo d'angolo, fra corso Cavour e via di Monale. La casa era bella, e spaziosa abbastanza da ospitare le due famiglie: nove persone in tutto, più un bebè in arrivo, dato che Anita, la moglie, era incinta. Ci si doveva arrangiare a dormire nelle tre camere, perché la sala serviva per la sartoria. Con la fine della guerra si riprendeva a lavorare e magari, se le cose fossero andate bene, si sarebbe dovuto assumere presto un paio di sartine.

La pedalata in discesa era leggera, i freni a bacchetta della robusta Atala, la bicicletta che l'aveva accompagnato in quegli anni difficili, funzionavano alla perfezione nel rallentare la corsa a ogni tornante. Era partito in mattinata da Posara, la frazione di Fivizzano dove si erano trasferiti per sopravvivere alla guerra, e aveva coperto in scioltezza la quarantina di chilometri che lo separavano da La Spezia. Era un percorso che aveva fatto tante volte. Conosceva ogni curva a memoria.

Quella bicicletta nera, con il carter che proteggeva la corsa della catena, il campanello con lo stemma stampato in pressofusione e la rotellina della dinamo che gli permetteva di viaggiare anche all'imbrunire, era stata una risorsa fondamentale per la sopravvivenza della famiglia. Nei paesi attorno capitava sempre che un contadino avesse bisogno di rivoltare un pastrano ormai consunto, o di rammendare i buchi di una giacca che doveva servire a un matrimonio. Lui correva e tornava a casa con delle uova o una bottiglia di latte fresco. Tutti conoscevano il sarto che andava in giro per i paesi in bici.

Il suo girovagare diventò presto la copertura ideale per portare messaggi alle formazioni partigiane che operavano in zona. Il biglietto gli veniva consegnato la sera prima e lui non doveva far altro che smontare il sellino della bici e inserirlo in profondità nel tubo reggisella. In alcune occasioni li aveva anche letti, ma i messaggi risultavano incomprensibili: qualche volta erano frasi in codice che indicavano l'arrivo di colonne di nazisti e fascisti da Massa, per i rastrellamenti; oppure contenevano solo date e numeri, cioè le coordinate dei lanci di armi e rifornimenti ai partigiani da parte degli Alleati.

Il sarto aveva avuto fortuna, nessuno l'aveva tradito e non era mai stato scoperto. In un paio di occasioni aveva anche potuto riabbracciare suo fratello Giuseppe, commissario politico di un distaccamento partigiano della Brigata Garibaldi "Apuania". Giuseppe gli aveva regalato una pistola, una Luger P08, dotata di proiettili calibro 9 Parabellum, che aveva strappato a un soldato della Wehrmacht caduto in uno scontro a fuoco. Il sarto non amava le armi, ed era ritornato di corsa a Posara con il terrore di essere fermato e fucilato al primo posto di blocco delle Brigate Nere. Ma tutto era filato liscio e, rientrato a casa, aveva nascosto per bene la pistola. L'aveva avvolta in uno straccio tutto unto e seppellita nella stalla, proprio sotto la mangiatoia delle bestie, dove la paglia era più alta, e non l'aveva più toccata.

A Posara si era trasferito, con tutta la famiglia, agli inizi del '42, non appena era diventato chiaro che gli affari della sartoria si erano bloccati definitivamente. Nessuno ordina un vestito nuovo in tempo di guerra. A La Spezia tutto quello che serviva per mangiare era diventato introvabile e troppo caro, e con cinque bocche da sfamare non poteva permettersi rischi. Così la famiglia era sfollata in campagna, nel paese d'origine del padre, morto pochi anni prima, e dove vivevano ancora i fratelli con le loro famiglie. Le poche masserizie di un qualche valore raccolte su un carretto e via, tutti a vivere in una stanza ricavata sopra la stalla. Una specie di fienile nel quale era stato piazzato il tavolo di legno massiccio della sartoria, un lavandino mobile per lavarsi e tre letti, dove si dormiva in coppia, attorno a un focolare a camino che serviva per cucinare e riscaldarsi. Per i bisogni si usciva nella piccola baracca di legno all'aperto, nella quale si raccoglieva il liquame per riciclarlo come concime per l'orto.

La casa contadina era povera, gli inverni ai piedi dell'Appennino erano gelidi, ma nei boschi di cerri che circondavano il paese la legna non mancava. Più in alto, in autunno si raccoglievano le castagne, dalle quali, una volta essiccate, si ricavava la farina. Il resto veniva dagli animali: tre mucche e una famiglia di maiali, conigli e galline. Nei campi e negli orti crescevano patate, fagioli, cavoli, granturco e ortaggi vari. Non mancava la frutta, quand'era stagione. Una vita dura per tutti, insomma, ma nessuno soffriva la fame.

A La Spezia il sarto si recava spesso, circa una volta al mese. Andava per ritirare generi alimentari con le tessere annonarie della famiglia o per scambiare qualche prodotto della campagna con confezioni di farina o di pasta. Ne approfittava anche per portare qualche scorta di cibo a Giulia, sua suocera, una donna autorevole e testarda, che non ne aveva voluto sapere di sfollare a Posara con il resto della famiglia.

Avevano provato a convincerla in tutti i modi, ma non c'era stato verso. Era rimasta ad abitare da sola, in uno scantinato triste e senza luce di via Napoli, convinta che a lei, ormai anziana, non poteva capitare nulla di veramente brutto. Era vedova da molti anni e si era abituata a vivere in totale autonomia. Aveva ancora, nei tratti del viso, i segni ormai sbiaditi di una bellezza sfolgorante, sorrideva sempre e non usciva di casa se non perfettamente truccata. Qualche volta in quello scantinato rientrava, prima del coprifuoco, in compagnia di un anziano corteggiatore. Giulia preferiva digiunare piuttosto che rinunciare al rossetto.

Quando arrivava suo genero era sempre festa, perché il

sarto le aveva fatto una camicia nuova ricavandola da lenzuola ormai lise, oppure le portava un po' di formaggio e uova fresche e le dava notizie di Anita e di Giuliano, di Marisa e degli altri ragazzi.

Giulia non si era scomposta neanche il 19 aprile del '43, quando su La Spezia si era scatenato l'inferno. In quei giorni 173 Lancaster e 5 Halifax inglesi avevano sganciato più di 1300 tonnellate di bombe, con l'obiettivo di distruggere la base navale e il grande arsenale militare che serviva alle riparazioni della flotta. Gli ordigni avevano invece devastato il centro storico e provocato oltre centoventi morti e quasi mille feriti.

Anche il palazzo dove abitava Giulia fu tra quelli bombardati, ma lei, miracolosamente, si era salvata. Le squadre di soccorso l'avevano recuperata, assieme a un vecchio amico, nello scantinato, che non aveva abbandonato per correre in uno dei rifugi quando era scattato l'allarme. Molti anni dopo, avrebbe confessato che non avevano proprio sentito le sirene, perché il suo amico aveva portato con sé l'ultima bottiglia di vino che aveva trovato in cantina, quando credeva che fossero finite da un pezzo e...

Il sarto ripensava a tutto questo mentre percorreva gli ultimi tornanti. Sorrideva, dentro di sé, ricordando la stravaganza di Giulia. Era felice perché si tornava in città, nella sua città. Anita e i ragazzi l'avrebbero accolto con gioia. Cominciava una nuova vita per tutti.

I cinque anni della guerra erano stati terribili. Nell'ultimo periodo, in particolare, l'intera zona era stata attraversata dagli atti sanguinari delle Ss di Walter Reder e delle Brigate Nere di Massa. Nell'estate del '44, prima a Sant'Anna di Stazzema, poi a Vinca e in decine di altri piccoli borghi nelle vicinanze, avevano sterminato più di ottocento anziani, donne e bambini. La situazione era diventata troppo pericolosa per Giuliano, il figlio maggiore, che aveva attraversato il fronte la notte di Natale del '44 per unirsi agli americani.

Anche lui, il sarto, era stato fortunato a salvare la pelle quando era stato fermato dalla x Mas. Era successo il 20 gennaio del '44, mentre stava rientrando in bicicletta da uno dei suoi viaggi a La Spezia ed era incappato in un posto di blocco volante. I Gap, i Gruppi di azione partigiana che agivano in città, avevano attaccato un tram che trasportava ufficiali e militi della X Mas provocando morti e decine di feriti. I posti di blocco istituiti a tutte le uscite della città servivano a rastrellare gli uomini che venivano sorpresi per strada. Il sarto fu arrestato subito, la bicicletta sequestrata e lui spinto in uno stanzone, sul retro della casamatta che serviva da base del posto di blocco, assieme a una decina di altri disperati. I militi che li guardavano a vista erano giovanissimi e molto nervosi, tenevano il dito sul grilletto del mitra e urlavano in continuazione. Il sarto era terrorizzato. Potevano fucilarli subito o dopo averli torturati. Se andava bene, li avrebbero portati in carcere e poi trasferiti in un campo di prigionia in Germania. Lui si disperava all'idea che non avrebbe mai più rivisto la sua famiglia.

Dopo alcune ore di questa attesa angosciante entrò un giovane ufficiale, che con fare brusco pronunciò il suo nome e lo portò fuori sotto la minaccia delle armi. Il sarto era già pronto alla fucilazione quando si sentì chiamare per nome. "Ma come, non mi riconosci? Sono Antenore, il figlio della Nives, tuo nipote."

La famiglia del sarto era fatta di comunisti e oppositori del regime. Uno dei suoi fratelli era emigrato in Francia per evitare l'arresto, poiché si era opposto alle prime azioni dei Fasci di combattimento. Il resto della famiglia era composto di sindacalisti, artigiani e operai iscritti clandestinamente al Partito comunista e combattenti della Resistenza. Con un'unica eccezione: il figlio di sua cugina Nives, una testa calda, un bel ragazzo, intelligente e giocoso che lui ricordava bene quando, da bambino, era venuto in sartoria con la mamma e gli aveva cucito un vestito da marinaretto. Antenore si era arruolato volontario con i fascisti per un atto di ribellione, forse per un malinteso senso della patria, e aveva aderito alla Repubblica di Salò. La famiglia ne aveva cancellato la memoria. Nessuno parlava più di lui da quando l'avevano visto sfilare in divisa con i militi di Junio Valerio Borghese, le truppe responsabili delle più feroci rappresaglie contro i partigiani. Il caso volle che Antenore facesse parte di quella pattuglia. Prima ancora che il sarto si rendesse conto di cosa stava succedendo, l'aveva portato fuori dalla casamatta e, approfittando del buio che era calato presto, l'aveva rimesso in sella alla bicicletta e l'aveva spinto per la discesa salutandolo affettuosamente: "Buona fortuna, zio".

Il sarto è ormai giunto all'ultima curva e sente che tutto questo è alle sue spalle. Non vede l'ora di arrivare dalla sua famiglia, si vedono già le prime case del paese. Basta tragedie. Basta morti. Ha solo voglia di fare festa, di salire le scale correndo e poi di prendere in braccio Anita e farla girare per la stanza con i ragazzi tutti attorno…

Il camion che sale verso Moncigoli trasporta mobili. È l'unico camion che sta percorrendo quelle strade. L'autista è di buonumore e canta mentre gira il volante per affrontare la prima curva. Non può immaginare che quel ciclista, che compare in discesa all'improvviso, gli finirà in un attimo sotto le ruote e non avrà scampo.

La fine tragica del sarto, morto prima di compiere quarantacinque anni, segnò tutta la sua famiglia, per sempre. La notizia della disgrazia si era sparsa immediatamente per la piccola vallata. Il figlio maggiore era arrivato sul luogo dell'incidente, dopo aver corso come un indemoniato fino a quella maledetta curva, a poche centinaia di metri dal paese. Ma non aveva potuto far altro che stringere a sé il corpo del padre, riverso sull'asfalto, senza vita, con il viso sfigurato, e urlare di disperazione.

Tutti i sogni, le speranze di una vita migliore si infransero di colpo. Il ragazzo, vent'anni ancora da compiere, non avrà tempo di elaborare il lutto. Toccherà a lui farsi carico della famiglia, la madre e i quattro fratelli più piccoli, compreso quello che nascerà di lì a pochi mesi.

Passeranno anni prima di veder ricomparire un sorriso sulle sue labbra. Succederà quando stringerà fra le braccia, per la prima volta, il bambino appena partorito da sua moglie Lea. Sono trascorsi cinque anni dalla disgrazia quando Giuliano decide che il piccolino si chiamerà come suo padre, il sarto: Guido Tonelli.

1.
La madre di tutto

Il termine materia contiene la parola latina *mater*, madre, che sembra indicare il suo ruolo di elemento primordiale all'origine del tutto. In realtà la sua etimologia nasconde parecchie sfumature ed è ricca di molteplici significati.

Quando si pensa alla materia si intende principalmente materiale inorganico, si immagina, cioè, qualcosa di inerte e piuttosto arido. Si cade nella trappola di giudicare la materia come qualcosa di diverso rispetto a quello che siamo noi umani, sempre piuttosto presuntuosi nel considerarci composti di una sostanza che nulla ha a che fare con quella ordinaria. Sembra quasi che la questione della materia non ci riguardi da vicino, come fossimo fatti di altra sostanza, molto più nobile, la cosiddetta materia animata.

È un pregiudizio millenario, dal quale hanno preso vita grandi architetture di pensiero ma anche atteggiamenti di supponenza che hanno reso gli umani prigionieri di un'infinita serie di malintesi, sui quali vale la pena soffermarsi. Tutto nasce dal ruolo che, nella nostra vita e nella nostra concezione del mondo, gioca il nostro corpo, cioè la materia di cui siamo fatti, un ruolo che spesso tendiamo a non vedere, se non a cancellare del tutto.

Una parola che ha radici molto profonde

Il termine greco corrispondente al latino *materia* è ὕλη (*hyle*), tra i cui significati si trova legno, legname. È la stessa radice etimologica della parola latina *silva*, che indica la foresta, ma anche materia, sostanza, e si connette al rabbinico *hiiuli*, materia prima.

Ne parla diffusamente Giacomo Leopardi nello *Zibaldone*, l'opera che raccoglie le sue riflessioni su letteratura e filosofia. Il significato originario di legno di bosco ci ricorda che nelle società primitive era il legno il materiale da costruzione per eccellenza. In seguito il termine greco passò a indicare una sostanza primordiale indifferenziata che, per l'intervento di un principio ordinatore, dà luogo alla molteplicità del mondo reale. Nella parola "materia" è rimasto questo segno femminile, di elemento passivo, plasmabile. In altre lingue latine, come lo spagnolo e il portoghese, legno si chiama ancora così: *madera*, *madeira*.

Se ci si connette al mondo contadino, la *madre* diventa il ceppo della pianta, quella parte più interna dell'albero da cui nascono nuovi fusti, che origina nuovi polloni. Una matrice, un grembo vegetale che produce il nuovo legno, tenero e lavorabile. Materia come sorgente del più docile e versatile di tutti i materiali, capace di adattarsi a qualsiasi funzione.

Questa connessione intima con la generazione riecheggia nel mito di Ila (Hylas in greco, che risuona con *hyle*), il bellissimo giovane di cui Eracle si innamorò perdutamente, facendone il proprio scudiero. Insieme si imbarcarono con Giasone e gli Argonauti alla ricerca del Vello d'oro. Ma nel corso di una sosta Ila, mandato ad attingere l'acqua alla fonte del rio Pege, incontrò la ninfa Driope e le sorelle, che si innamorarono a loro volta del giovane dai lineamenti meravigliosi. Per non separarsene, lo condussero in una grotta sott'acqua dalla quale egli non riemerse più.

Le divinità femminili, l'acqua e la grotta sommersa non possono che farci pensare al principio generatore. Al corpo che nel buio e nell'umido del proprio ventre genera, custodisce e nutre la vita in embrione. Ecco che la materia, termine paradossalmente usato per descrivere la sua componente inerte, fredda e inanimata, ricava il suo significato *materno* dal primo materiale vivo con cui abbiamo avuto un dialogo complesso, durato mesi: il corpo di femmina che ci ha generato.

Il resto della storia è più semplice. Il legno, prima materia originaria, presta il suo nome alla sostanza corporea più generica che caratterizza ogni distribuzione di massa nello spazio. Ma la sua totale, tangibile concretezza, la sua corposità diventa argomento di speculazione, disciplina filosofica che attraversa la storia dell'umanità, perché anche noi, esseri coscienti, nobile materia animata, come ci definiamo, siamo fatti di materia, e per giunta della sua forma più fragile.

Nel caso specifico di noi Sapiens, specie particolare di scimmie antropomorfe, le cose risultano ancora più complicate. Il nostro essere animali sociali è qualcosa di più profondo e costitutivo del semplice fatto che viviamo in gruppi organizzati. L'interazione con gli altri membri della comunità, mediata da sguardi e linguaggio, contatto fra corpi e scambio di cibo, atti di cura e relazioni emozionali, è un processo fondamentale per la crescita di un individuo. Insomma, si diventa realmente umani attraverso lo sguardo e lo scambio di emozioni, interagendo con gli altri membri del gruppo sociale.

Il cervello plastico e multiforme del neonato si forma nella relazione con il mondo mediata dagli adulti che se ne prendono cura, a partire dallo sguardo della madre. Il bambino, che guarda negli occhi chi lo nutre, modifica le sue sinapsi sulla base delle reazioni che si producono nel corso di quella relazione.

La spinta a nutrire e proteggere i nostri piccoli ha origine biologica, è un comportamento necessario per la riproduzione della specie. Apparteniamo alla classe dei mammiferi, e questa geniale invenzione dell'evoluzione, per cui le femmine della nostra specie sono in grado di nutrire per anni piccoli che altrimenti sarebbero incapaci di sopravvivere, ha costituito un enorme vantaggio evolutivo. Qualcuno attribuisce a questa caratteristica, che nelle forme primordiali si è sviluppata intorno a duecento milioni di anni fa, il successo planetario dei mammiferi, che infatti hanno occupato rapidamente tutte le nicchie ecologiche rimaste vuote dopo la scomparsa dei grandi rettili.

È avvenuto così anche per le scimmie antropomorfe da cui discendiamo. Quello scambio primigenio di cibo fra madre e figlio, quell'incrociarsi di sguardi in un colloquio muto di protezione e riconoscenza è forse alla base di ogni legame sociale e di linguaggio che si svilupperà nei milioni di anni a venire. Lo stupore nel vedere sgorgare dalle mammelle turgide delle madri nutrimento per tutti – anche per gli adulti del clan quando la carenza di cibo metteva a rischio la sopravvivenza del gruppo – si ritrova nelle prime testimonianze artistiche dei Sapiens: le decine di Veneri preistoriche, tutte rappresentazioni dell'archetipo dell'abbondanza, dee-madri con seni rigonfi e natiche imponenti.

Ma il corpo materiale di ciascuno di noi, che gioca un ruolo così importante nella costruzione delle prime relazioni sociali che fondano la nostra identità, è elemento simbolico essenziale anche all'altro estremo dell'esistenza, nel momento della morte.

Rituali di lutto e cura dei cadaveri

Quando capita una disgrazia improvvisa, come quella che ha devastato la famiglia di mio padre, tutta la piccola comunità che conosceva la vittima rivive il più antico dei traumi. Un uomo giovane, un corpo robusto e pieno di vita che in un attimo si affloscia e diventa cosa inanimata.

L'estrema precarietà dell'esistenza umana risuona già nelle parole di Achille, il più grande fra gli eroi dell'antica Grecia, che parla così della vita: "Questa cosa così fragile e leggera: dura un istante, esce così presto dalla bocca". A decidere il fato di ogni mortale sono le tre Moire, figlie di Zeus e Ananke, la divinità della necessità, generata dal Caos primordiale assieme a Chronos, il tempo, cui è avviluppata come un serpente, a segnare un legame indissolubile.

Quando Atropo, l'inflessibile, recide il filo sottile tessuto da Cloto e avvolto sul fuso da Lachesi non c'è scampo: persino il più forte tra gli eroi crolla al suolo come una marionetta senza vita, ridotto a un cumulo di membra scomposte. Negli scontri terribili che si svolgono sotto le belle mura di Ilio, i corpi robusti dei giovani eroi, che fino a un attimo prima sembravano immortali, si trasformano in ossa fracassate, visi sfigurati, sangue e viscere; con loro svaniscono i sogni, le emozioni e le passioni che li agitavano.

A millenni di distanza, nonostante gli incredibili progressi che ci hanno portato a vivere esistenze ben più lunghe e confortevoli di quelle dei nostri antenati, la consapevolezza della nostra intrinseca fragilità ancora ci accompagna. Una disattenzione fatale, un minuscolo virus, un gruppo di cellule che impazzisce nel corso delle infinite replicazioni, un piccolo vaso sanguigno che cede di colpo e anche oggi dobbiamo fare i conti con il trauma della morte improvvisa di qualcuno. Ogni giorno riecheggia sulle nostre strade o nelle terapie intensive degli ospedali l'urlo disperato lanciato da Giuliano, mio padre, mentre stringeva fra le braccia il cadavere straziato del proprio padre, Guido, il sarto: "Babbo! Babbo! Respira! Dimmi qualcosa! Non mi lasciare!".

Per lenire il trauma della perdita, fin dai primordi, le comunità degli esseri umani hanno sviluppato rituali di lutto e sepoltura dei cadaveri. Portare rispetto al povero corpo martoriato, lavarlo e ungerlo con essenze profumate, tingerlo con il rosso dell'ocra, truccarne i lineamenti sfigurati dal trapasso, adornarlo dei più preziosi fra gli ornamenti, rivestirlo con le sue armi preferite, abbellirlo con maschere mortuarie ricavate dai metalli più preziosi, disporgli attorno i giocattoli che amava o i gioielli che ne esaltavano la bellezza, le insegne del comando o gli umili utensili della sua attività di artigiano. E poi tombe monumentali, iscrizioni, ritratti, pareti affrescate, inni cantati per accompagnare il morto nel suo viaggio verso l'aldilà.

Al centro di ogni rituale di sepoltura c'è il corpo del defunto, che i più antichi fra i tabù proteggono dallo scempio che potrebbero farne le bestie feroci, se venisse abbandonato.

La lancia di Achille, il più forte fra gli Achei, ha appena trafitto la gola di Ettore. L'eroe troiano ha solo il tempo di pronunciare le ultime parole, mentre il più furibondo degli accessi d'ira stravolge i lineamenti del figlio di Peleo. Achille estrae la lancia insanguinata dal collo del nemico e ne spoglia il corpo della bella armatura di bronzo che il troiano aveva strappato al suo amato Patroclo. Medita di far sbranare e divorare dai cani e dagli uccelli le carni del nemico morente, poi, senza esitazione, pratica un largo foro nei piedi di Ettore per passarvi una fune. Lega il corpo del giovane, ancora caldo, al suo carro e lancia al galoppo i cavalli fin sotto le mura della città nemica. Achille fa scempio del cadavere di Ettore di fronte ai Troiani, che assistono alla scena inorriditi.

Il corpo del nemico giacerà, abbandonato per giorni, nei pressi della tenda di Achille, vicino alle grandi chiglie delle navi, spiaggiate, degli Achei. Per intervento divino, nessun cane né uccello si avvicinerà per guastarne le carni; al contrario, le sue ferite si rimargineranno, anche quelle che gli Achei avevano inflitto, per spregio, al cadavere del vinto. Nessun segno di putrefazione profanerà il corpo dell'eroe morto in battaglia.

Il miracolo si produrrà fino a quando, dopo dodici interminabili giorni, il vecchio padre Priamo non accorrerà presso la tenda del nemico, nel cuore della notte, con un carro colmo di ricchezze a implorare la restituzione delle spoglie di Ettore. Il vecchio si umilia di fronte ad Achille, si stringe alle sue ginocchia, bacia le mani che ancora grondano del sangue del figlio, pur di riaverlo, anche se morto. Vuol prendersi cura del suo cadavere, come è giusto e degno che si faccia. E a questo punto Achille, la bestia, capace di sgozzare senza pietà e di bruciare, sulla pira di Patroclo, dodici ragazzini troiani, cede alla supplica dell'anziano re.

È così importante, per gli antichi Greci, ribadire il tabù dell'inviolabilità del cadavere che l'episodio dell'*Iliade* diventerà il riferimento ideale per tutte le tregue armate successive. Anche nei conflitti più sanguinosi, ci sarà un momento in cui gli eserciti si fermeranno per scambiarsi i corpi dei caduti. Fa impressione notare come questa pratica sia sopravvissuta fino ai nostri giorni: basta guardare alle cronache della guerra fra Russia e Ucraina. Anche nei terribili conflitti del XXI secolo, nonostante siano combattuti a colpi di missili e tecnologie satellitari, c'è il momento della pietà, un rituale antico in cui le armi tacciono e i soldati si caricano sulle spalle le spoglie dei compagni uccisi rimasti nelle mani del nemico.

Ancora oggi risulta insopportabile la sofferenza di dover piangere un morto senza poterne onorare il cadavere. Lo si vede ogni volta che un'alluvione o uno tsunami rendono impossibile il recupero dei corpi di alcune delle vittime. È un dolore indicibile per i parenti non poter raccogliere in una bara i poveri resti dei loro cari distrutti dall'acido, come in alcuni delitti di mafia, o gettati nell'oceano da un aereo militare, come è accaduto a molti *desaparecidos* argentini. Quando si vuole infliggere la più disumana delle pene, si commette l'omicidio e si distrugge, o si fa sparire per sempre, il cadavere, così che ai parenti delle vittime sia negata persino la consolazione di piangere e disperarsi abbracciando quel che resta dei loro cari. La morte trasforma il corpo in un materiale davvero speciale, impregnato di significati simbolici, di cui non possiamo fare a meno.

Il potere del corpo reso inanimato si capisce ancora meglio considerando le pratiche di lutto documentate dagli etologi presso gruppi di scimpanzé e di bonobo. È bastato osservare con occhi più attenti quello che avveniva in queste piccole società di scimmie antropomorfe, molto contigue a noi dal punto di vista genetico. La morte di un membro del branco, in particolare se ricopriva una posizione rilevante nella gerarchia sociale, trascina l'intero clan in un turbinio di emozioni estreme in cui si alternano lamenti e grida, atteggiamenti di minaccia e di sottomissione. Il rituale può durare per giorni interi e conduce spesso al rifiuto del cibo, una sorta di digiuno collettivo condito da forme di aggressività intercalate a manifestazioni di conforto. In molti casi il corpo viene vegliato, anche di notte, da individui che lo toccano con colpi leggeri simili a carezze. I corpicini dei piccoli vengono cullati dalle madri, che li tengono fra le braccia per giorni, spulciandoli con delicatezza e allontanando da loro le mosche.

Le reazioni più intense sono provocate dalle morti improvvise, come se il gruppo fosse incapace di assorbire il trauma di una perdita inaspettata. Anche in questo caso i parenti e gli amici stretti esibiscono i comportamenti più estremi. Per scimpanzé e bonobo, come per gli esseri umani, i corpi dei defunti diventano elementi simbolici forti per ribadire l'unità del gruppo. La materia inanimata, che fino a un attimo prima apparteneva a un corpo in vita, acquista un'importanza fondamentale anche per specie a noi molto affini.

Nascono forse da qui i più antichi rituali di sepoltura, che sono documentati già fra i Neanderthal, specie che ha preceduto i Sapiens di centinaia di migliaia di anni. Il cadavere del defunto è al centro di riti collettivi di elaborazione del lutto, che talvolta comprendono anche forme di cannibalismo rituale. La sua funzione sociale si conclude con cerimonie di sepoltura in cavità naturali, o ricavate appositamente all'interno di grotte. La postura dei corpi, la disposizione rituale di pietre o manufatti, l'uso di pigmenti e decorazioni di vario genere testimoniano che già i nostri più lontani progenitori praticavano cerimonie destinate a lenire il trauma della perdita.

La materia nella riflessione dei grandi sapienti

La consapevolezza dell'estrema fragilità di tutte le forme viventi nasce nella notte dei tempi. Non c'è da stupirsi che da essa siano scaturite le prime credenze di tipo religioso. Nell'etimologia latina del termine *religio* molti trovano il valore vincolante degli obblighi e dei divieti sacrali; a me piace riconoscervi la forza di un racconto che lega, tiene assieme una comunità lacerata dall'inquietudine e dalla sofferenza. La religione nasce da un atto di ribellione: la fine della sostanza materiale di cui siamo fatti non può significare la nostra fine *tout court*. Qualcosa di noi deve rimanere. In un mondo materiale dominato da una natura che segue cicli temporali che si ripetono indefinitamente, risulta un pensiero insopportabile che del singolo individuo non resti nulla.

Le grandi strutture materiali come i fiumi e le montagne, la Terra o il Sole godono del privilegio assoluto di un'esistenza eterna, come fossero costituiti di materia incorruttibile. Non è possibile che noi, per altri versi esseri così speciali, siamo invece condannati al deperimento e alla morte. Qualcosa di quella sostanza che rende indifferente alla corruzione e al tempo deve nascondersi anche nella nostra struttura più intima. È inevitabile pensare che pure gli umani siano in connessione con questa trama sottile che vive di eternità. La potenza consolatoria di credere che qualcosa di noi resista alla forza disgregatrice del tempo, che rivedremo i nostri cari e che la loro esistenza spezzata potrà essere riannodata nei suoi affetti e nelle sue relazioni costruisce un'armatura invincibile che aumenta la resilienza umana di fronte alle peggiori catastrofi.

Nascono da qui, con tutta probabilità, le prime credenze in un aldilà, i cerimoniali di viaggio per preparare il defunto per la vita ultraterrena, le sepolture nel ventre della madre-terra, a contatto con l'immortalità della sua struttura più profonda, capace di rigenerare l'individuo attraverso una nuova nascita.

Quando si immagina una parte nobile, una sostanza fondamentalmente estranea, irriducibile, che rende animata la materia corruttibile di cui sono composti i nostri corpi e che sopravvive in eterno allo sfacelo della morte, ecco che le coordinate attorno alle quali si svilupperà larga parte della riflessione filosofica sulla materia risultano già ben definite. Da un lato l'idealizzazione di questa sostanza, che prenderà il nome di forma o soffio vitale, di anima o spirito, dall'altro lato la riduzione del corpo a fango, materia vile e plasmabile per antonomasia.

Nasce da qui il più famoso dei racconti: "Dio formò l'uomo dal fango della terra, gli insufflò nelle narici un alito di vita e l'uomo divenne anima vivente". La nascita di Adam, il primo uomo del libro della *Genesi*, rende esplicita questa contrapposizione. Il fango, la materia bruta che ci rende simili agli animali, è responsabile degli istinti più bassi che agitano le nostre esistenze: fame, sesso, violenza. Dal fango maleodorante di cui siamo fatti nasce la spinta a prevaricare e dominare gli altri e l'esigenza cieca di riprodursi come specie. L'atto creativo della divinità rende nobile quel substrato in cui continua ad agitarsi un groviglio di istinti bestiali, ne limita i contorni e gli trasmette un soffio di eternità. L'anima sarà ospitata temporaneamente in un corpo condannato a morire e a deperire. Al momento del trapasso se ne distaccherà per unirsi nuovamente alla divinità che l'ha creata e godere in eterno della sua vicinanza.

Trovo suggestivo che, per rendere icastico e indimenticabile il racconto della creazione, la Bibbia utilizzi l'immagine di un Dio che plasma l'umanità dal fango. Una divinità che usa la stessa tecnica messa a punto dagli umani molte migliaia di anni prima del libro per antonomasia.

La produzione di vasi e utensili di terracotta segna infatti una pietra miliare nella storia dell'umanità. Si crea, letteralmente, qualcosa che prima non esisteva, immaginandone la forma e realizzandola con l'uso sapiente delle mani. Mi è capitato spesso di rimanere incantato di fronte alla maestria con la quale furono realizzati i primi manufatti in terracotta: i recipienti per conservare acqua o riserve di cibo. L'estrema plasmabilità dell'argilla consente ai nostri lontani antenati di organizzare in modo diverso lo spazio, separando il dentro dal fuori, costruendo un vuoto, ossia l'interno del recipiente, che sarà riempito con acqua e scorte alimentari, e potrà essere trasportato rendendo più efficace la caccia o la raccolta. Nel racconto biblico sembra risuonare ancora l'euforia per la scoperta delle enormi potenzialità di questa nuova tecnica.

Già nella *Genesi* si avverte la stessa nota dominante che attraversa il pensiero degli antichi: materia come elemento passivo, caotico, femminile, in dialettica con l'elemento maschile, il principio attivo, il Dio o il Demiurgo che le danno una forma e addirittura la rendono vitale.

La concezione della materia come matrice di tutte le cose, ma elemento indistinto, informe, nebuloso accumuna anche i pensatori presocratici che indagano sulla sua composizione, e di cui parleremo quando discuteremo le origini dell'atomismo e delle concezioni materialistiche.

I grandi sapienti dell'antichità si muovono sulla stessa lunghezza d'onda. Platone considera la materia come ricettacolo oscuro delle forme che provengono dal mondo divino. È sorgente informe del male e della corruzione del mondo sensibile. In quanto mancante di forma è instabile e quindi incapace, di per sé, di costruire un equilibrio duraturo e permanente. In Aristotele la materia è corporeità, elemento costitutivo delle cose, che resta tuttavia indeterminato. Non la possiamo conoscere compiutamente perché è potenza, ancora qualcosa di informe, un elemento passivo dell'universo che vive nell'indeterminatezza caotica e può trasformarsi in qualunque cosa.

Come si vede, gli antichi sapienti rimangono prigionieri del vecchio pregiudizio che la parte razionale, nobile dell'animo umano non può avere nulla a che fare con la nascita da un corpo di femmina, con una materia che si forma nella carne e nel sangue di un altro essere, per di più donna. Non a caso Atena, la dea della sapienza, nasce armata dalla testa di Zeus. La razionalità, la temperanza che rifugge dalla cieca ferocia, la dea dell'equilibrio e della giustizia cui ripugna ogni azione crudele non può che nascere dalla mente di un uomo.

Il pregiudizio di stabilità e persistenza dell'universo materiale

La consapevolezza dell'estrema caducità di tutte le forme biologiche, e in particolare di noi umani, costituisce il punto di partenza delle grandi religioni e delle prime speculazioni filosofiche. Fin dai primordi, l'illusione di immaginare che qualcosa di noi ci sopravviva ha contrassegnato il pensiero degli umani. Ma mentre qua e là si affaccia il dubbio che non sia realmente possibile sottrarsi al ciclo inesorabile della vita e della morte, pochissimi mettono in discussione il pregiudizio di persistenza e stabilità dell'universo materiale che ci circonda.

Da un ente superiore che dà forma al Caos e lo trasforma in Cosmo nasce un universo perfetto, costruito a immagine e somiglianza del creatore e, in quanto tale, destinato a persistere in eterno. "Le cose tutte quante / hanno ordine tra loro, e questo è forma / che l'universo a Dio fa simigliante," spiega Beatrice a Dante nella *Divina Commedia* (*Paradiso*, canto I, vv. 103-105). È irrilevante che in alcune religioni, come quella cristiana, o in alcune scuole filosofiche, come quella stoica, si ipotizzi una fine del creato nel giorno dell'Apocalisse o un susseguirsi di universi che vengono distrutti per essere nuovamente rigenerati. Nel suo ciclo di esistenza, lungo o breve che sia, l'universo materiale si presenta come un gigantesco marchingegno, perfettamente concepito e magistralmente realizzato.

Ecco che si estrapola all'universo intero il pregiudizio che nasce dal nostro punto d'osservazione. Questo sì che risulta essere un universo immaginario, perché estendiamo al tutto, che è enormemente più vasto dell'insignificante angolino che conosciamo, le categorie che ci sono più familiari, quelle che nascono da un punto di vista estremamente limitato nel tempo e nello spazio.

Esseri minuscoli e insignificanti arrogano a sé il diritto di costruirsi una visione del tutto. Non sanno di abitare il tiepido pianeta che occupa la terza orbita attorno al Sole, un'anonima stella di media grandezza, grosso modo a metà della sua esistenza. Ignorano che è solo una fra i duecento miliardi circa che abitano la nostra galassia, quella che chiamano Via Lattea. Oggi siamo consapevoli che la grande struttura a spirale barrata è certamente gigantesca, ma è assai simile a un'infinità di altre fra le centinaia di miliardi che occupano l'universo intero.

Tutto questo i grandi sapienti che più di duemila anni fa riflettevano sulla nostra condizione non potevano saperlo. Attorno a sé vedevano ruotare corpi celesti meravigliosi, il cui moto si ripeteva, immutato, da tempo immemorabile. Ed ecco che immaginavano un sistema di sfere celesti, perfettamente organizzate, una meccanica ideale che gestisce un equilibrio imperturbabile che è sempre esistito e sempre esisterà.

Questo pregiudizio di eternità della materia perfetta di cui sono fatti i corpi celesti, contrapposto alla caducità della materia vile che compone i nostri corpi, attraverserà i secoli. Quando nel cielo comparirà una nuova luce, sarà abominevole perfino immaginare che è morta una stella. Nessuno sano di mente oserebbe neppure pensare che quei corpi perfetti siano sottoposti anch'essi al ciclo dell'esistenza materiale. Si chiameranno quindi nuove stelle quei fenomeni che, oggi lo sappiamo, non sono altro che l'estremo rantolo con il quale si conclude l'esistenza delle più massicce fra le stelle.

Questa idea di un universo materiale in eterno equilibrio giunge fin quasi ai nostri giorni, ai primi del Novecento. Fa stupore, oggi, constatare che era condivisa da tutti i maggiori scienziati soltanto un centinaio di anni fa. Non erano bastati a scalfirla neppure i grandi mutamenti nella visione del mondo che si erano prodotti con la rivoluzione scientifica di Copernico, Keplero e Galilei.

Da secoli ormai il Sole era stato collocato al centro del sistema dei pianeti e la Terra aveva perduto irrimediabilmente quel suo ruolo centrale che aveva ingannato gli antichi sapienti. Cambiava tutto, ma grandi scienziati e comuni cittadini condividevano il pregiudizio di un sistema in equilibrio perfetto, eterno e immutabile. Gli astronomi avevano descritto e catalogato le macchie solari e disegnato con dovizia di particolari le montagne e le vallate che si potevano osservare sulla superficie della Luna, ma nulla sembrava scalfire l'idea di una composizione speciale dei corpi celesti. Questa idea di un materiale etereo, che incorpora la possibilità di muoversi indefinitamente, sopravviveva persino alle scoperte di Isaac Newton, alla sua dimostrazione che il moto dei pianeti deriva da una forza proveniente dalla massa dei corpi celesti, senza il bisogno di materiali speciali per produrre attrazione gravitazionale. Anzi, persino la vile sostanza *sub-lunare*, di cui è costituita la nostra Terra, riesce ad attrarre la mela che cade dall'albero e a tenerci attaccati al suolo.

Ma il pregiudizio che tutto questo faccia parte di uno scenario materiale eterno e immutabile, di un equilibrio perfetto che è stato e sempre sarà, giungerà fino a Einstein, il quale si ribellerà fino all'ultimo all'idea che tutto abbia avuto una nascita, e dovrà aggiungere a mano, cioè arbitrariamente, una forma di energia positiva del vuoto, che spinge tutto lontano da tutto, per evitare che l'universo materiale descritto dalle sue equazioni della relatività generale sia instabile.

Questo libro ci aiuterà a superare molti pregiudizi, ma soprattutto, discutendo assieme le scoperte della fisica contemporanea sulla materia, la sua nascita e la sua lunga evoluzione, ci lascerà senza fiato. In primo luogo perché incontreremo concetti meravigliosi, scopriremo forme effimere di materia che vivono esistenze apparentemente insignificanti e, accanto a esse, negli angoli forse più inaspettati, forme materiali così persistenti da risultare praticamente eterne. Saremo stupiti di scoprire che noi stessi ne siamo in larga parte composti. Ma toccheremo con mano anche la fragilità intrinseca delle strutture materiali più imponenti, una fragilità che nasce dai meccanismi più intimi e nascosti e che coinvolgono il comportamento delle particelle elementari che le compongono.

Analizzando la grande varietà di forme sorprendenti con le quali si presenta la materia agli occhi della scienza moderna, dovremo abbandonare definitivamente l'immagine di un qualcosa di corporeo, tangibile, concreto. Scopriremo forme di materia che sono attorno a noi, che giocano un ruolo decisivo nella struttura macroscopica del nostro mondo, ma che non possiamo vedere e nemmeno toccare e delle quali non sappiamo ancora nulla. Ci interrogheremo sui meccanismi che tengono assieme i più compatti fra i corpi materiali, capaci di concentrare masse abnormi in volumi incredibilmente piccoli, obbedendo a dinamiche sconosciute, che nessuna legge della fisica è ancora riuscita a spiegare.

Attraverseremo le grandi distanze cosmiche per investigare le forme di materia più evanescenti e delicate, che scorrazzano per l'universo intero partecipando a fenomeni decisivi per la sua evoluzione. Ci addentreremo anche nelle forme più complesse di materia, cercheremo di capire i misteri nascosti nella materia biologica, che scopriremo non essere affatto vile e informe. In essa vedremo al lavoro un'organizzazione sorprendente, ma così vincolata a una serie di delicatissimi equilibri da risultare estremamente fragile.

Siamo pronti a esplorare le infinite sfaccettature della

materia che ci vengono raccontate dalla scienza contemporanea. Constateremo che il pregiudizio della sua stabilità e persistenza a cui abbiamo creduto per millenni è pura illusione. Ma nel contempo ci renderemo anche conto che non è così semplice definire cosa è realmente la materia. A mano a mano che ci avvicineremo alla sua composizione più intima, dovremo rinunciare a molte delle certezze che abbiamo ereditato dalle forme più ingenue di materialismo. Non mancheranno, come sempre, le sorprese.

2.
Atomi e vuoto

Cominciamo con la materia che ci è più familiare, quella che incontriamo nella nostra vita quotidiana, come il pavimento della stanza su cui stiamo camminando o la tastiera del computer che sto usando per scrivere questo libro. Nel linguaggio comune consideriamo materiale un oggetto che si può vedere e toccare, qualcosa con cui si può interagire tramite i nostri sensi. Il concetto può essere esteso in maniera piuttosto naturale a tutto quanto possiamo vedere, anche se è troppo distante per poterlo toccare, come la Luna, o che possiamo osservare con l'ausilio di strumenti, come i telescopi che ci mostrano gli anelli di Saturno.

La vista è un senso cui attribuiamo una grande rilevanza, anche se ci sono corpi materiali che risultano visibili soltanto se disponiamo di microscopi molto potenti, come i virus, e al contrario ci sono cose che vediamo abitualmente anche se non hanno consistenza materiale propria, per esempio l'ombra che si staglia sulla sabbia quando camminiamo in spiaggia. In questo ambito occorre fare molta attenzione perché i nostri sensi possono ingannare. Esistono patologie o stati alterati che causano allucinazioni e ci sono artefatti che possono essere prodotti dagli strumenti che usiamo. Per non parlare degli effetti ottici ben noti come la fata morgana o i miraggi, che ci fanno vedere cose dove non c'è nulla di materiale. A voler essere precisi, ci sono sostanze materiali molto comuni che non possiamo vedere né toccare, per esempio l'odore di una rosa, ma nessuno dubita che sia qualcosa di materiale, emanato dai bei petali del fiore, a entrare in contatto con i sensori dell'odorato collocati nelle nostre narici.

In ogni caso, si tratti di una nuvola o di una montagna, delle ali di una farfalla o di un fiocco di neve, possiamo descrivere la composizione più intima di questi tipi di materia usando un numero molto limitato di componenti elementari, un pugno di particelle che, aggregandosi fra loro, sono in grado di costruire le diverse strutture materiali a noi più familiari.

L'idea che è possibile spiegare l'organizzazione della materia a partire da un numero limitato di particelle indivisibili e indistruttibili risale a moltissimi anni fa: è nata attorno al V secolo a.C. nell'antica Grecia.

Nascita dell'atomismo

La moderna Abdera è una piccola, anonima comunità, situata nella parte nord-est della Grecia, ai margini dei grandi flussi turistici che interessano il paese. Visitandola oggi, nessuno immagina che in epoca classica sia stata una città molto fiorente, ricca di commerci e famosa per la sua scuola filosofica.

Gli archeologi hanno rinvenuto i resti dell'antica città su un promontorio che domina il mare, una posizione invidiabile, al centro di una costa ricca di fiumi e ampie insenature. La tradizione vuole che il nome derivi da Abdero, un giovane eroe che su quelle spiagge trovò una morte orribile. Prediletto da Eracle, il semidio autore delle dodici fatiche, Abdero venne mangiato vivo dalle cavalle antropofaghe di Diomede, re di una popolazione barbara che abitava la Tracia.

L'antica Abdera, fondata da coloni greci nel VII secolo a.C., disponeva di un doppio porto, in grado di offrire un approdo sicuro e ben protetto dai venti impetuosi. La città divenne presto una tappa obbligata per tutti i traffici che attraversavano l'Ellesponto; da qui la sua prosperità e la possibilità, per le famiglie dell'aristocrazia, di dotarla di imponenti edifici per il culto e l'amministrazione della cosa pubblica e di provvedere all'educazione dei giovani attirando alcuni fra i maggiori sapienti dell'epoca.

La tradizione indica in Leucippo di Mileto il fondatore dell'importante scuola di filosofia della città, attorno alla metà del V secolo. Ma quando si parla dei primi, grandi sapienti del mondo greco è sempre molto difficile distinguere in maniera netta fatti storici da tradizioni e leggende. Come spesso succede in questi casi, le fonti sono discordanti, tanto che è incerta persino la sua città di nascita. Il pensiero di Leucippo è stato ricostruito soprattutto grazie agli scritti di pensatori più tardi, come Aristotele che, circa un secolo dopo, polemizzava con le sue teorie. Ci sono dubbi addirittura sulla sua figura storica; Epicuro, grande interprete della corrente atomistica, sosteneva che Leucippo non fosse realmente vissuto. Nessuno invece dubita dell'esistenza del personaggio che la tradizione considera il suo discepolo prediletto: Democrito.

Rampollo di una delle famiglie più ricche dell'aristocrazia di Abdera, dove nasce nel 460 a.C., rinunciò, secondo la leggenda, alle ricchezze e ai ruoli prestigiosi che il censo gli avrebbe garantito. Democrito è un pensatore prolifico, che copre tutti gli aspetti della filosofia. Sembra storicamente documentato che, spinto dalla curiosità verso usi e abitudini di popolazioni diverse, abbia intrapreso un viaggio in Oriente con un possibile soggiorno in Egitto. Passa comunque ad Abdera la maggior parte della sua lunga esistenza. La tradizione racconta che supererà i cento anni di vita, un'età ragguardevole in assoluto e decisamente straordinaria per l'epoca. Ha numerosi discepoli e scrive opere che coprono i più svariati ambiti del sapere: dalla matematica all'etica, dalla letteratura alla musica. Per nostra sfortuna, la maggior parte dei suoi lavori è andata perduta. Restano circa trecento frammenti che aiutano a ricostruire il suo pensiero, soprattutto se integrati dalle numerose citazioni di Platone e Aristotele, che ne hanno confutato le tesi con grande determinazione.

Democrito arriva all'atomismo su basi puramente speculative, con un approccio logico, tipico delle argomentazioni filosofiche dell'epoca. Come tutti i pensatori greci aborrisce l'infinito, il non-numero per antonomasia, la grandezza indefinita che, in quanto tale, non può essere capita, cioè contenuta; un processo che va all'infinito diventa entità sovversiva, insopportabile in quanto contrastante irrimediabilmente con la misura e la razionalità. Ecco allora che l'operazione di suddividere un qualunque componente materiale non può continuare indefinitamente. Ogni sostanza materiale sminuzzata e ridotta in frammenti sempre più piccoli dovrà ridursi a qualcosa che non potrà più essere suddiviso: un atomo (da ἄτομος, *àtomos*, che significa appunto indivisibile). La materia non può comportarsi come lo spazio di Zenone, che può essere frammentato a piacere. Se si potesse spezzettare all'infinito, alla fine del processo non resterebbe nulla, e quindi l'essere risulterebbe composto dal non-essere. Un assurdo logico. Ecco perché si deve immaginare qualcosa di solido, impenetrabile, non-generato ed eterno che limita il processo.

L'atomo di Democrito somiglia, per certi versi, all'Essere parmenideo. Il componente di base di ogni cosa materiale è un corpuscolo impercettibile, indifferenziato, perfetto, privo di qualità sensibili particolari. Gli atomi sono fatti tutti della stessa sostanza, differiscono solo per qualità geometriche, forma e grandezza e sono indistruttibili. Accanto agli atomi, Democrito teorizza un altro componente decisivo, il vuoto, nel quale essi possono muoversi, collidere e aggregarsi in quantità, forme e ordinamenti diversi, dando vita ai vari elementi. Con i primi atomisti, dunque, la realtà si costruisce grazie alla combinazione di due ingredienti: l'Essere, il pieno, cioè gli atomi, e il Non-Essere, il vuoto.

Democrito conferisce agli atomi la proprietà di muoversi nel vuoto indefinitamente e in ogni direzione, fino a quando non si aggregano ad altri atomi a formare strutture materiali. Tutto quello che vediamo nel mondo nasce grazie a questo meccanismo spontaneo, intrinseco alla natura stessa, che non richiede alcun intervento esterno. Anche l'anima è fatta di atomi; essi sono sferici, sottili, leggerissimi e capaci di attraversare ogni corpo materiale; l'anima è mortale, perché gli atomi che la compongono si separano fra loro con la morte del corpo e l'anima stessa finisce con il dissolversi.

Le idee degli atomisti si diffusero rapidamente con l'effetto di una bomba. Nei decenni successivi le loro tesi furono dibattute e confutate aspramente. Fra i critici più autorevoli e feroci si distinsero Platone e Aristotele.

La leggenda vuole che Platone avesse ordinato personalmente di bruciare i libri di Democrito e avesse dato disposizione ai discepoli dell'Accademia di evitare anche solo di pronunciarne il nome. È un fatto che il filosofo di Abdera non viene mai esplicitamente menzionato negli scritti di Platone, neanche in quelli in cui egli polemizza apertamente con le tesi degli atomisti. L'idea di una materia che si autoregola e si sviluppa secondo leggi immanenti era inconcepibile nel sistema di pensiero platonico. Per non parlare del vuoto e della tesi della mortalità dell'anima, argomenti per Platone abominevoli.

Non meno radicale la critica di Aristotele, che dimostra di conoscere molto bene le tesi degli atomisti di cui contesta non solo il concetto di vuoto, ma soprattutto gli esiti, a suo dire contraddittori, dei tentativi di spiegare le trasformazioni. Al centro della critica di Aristotele è la teoria del movimento secondo natura, a causa del quale gli atomi si muovono perennemente nel vuoto, teoria inconciliabile sia con la necessità di un primo motore (da lui ipotizzato), sia con le osservazioni dello stato di quiete assoluta della Terra. Un secondo argomento contesta la riduzione della differenza fra gli elementi, i composti degli atomi, a qualità geometriche degli stessi legate alla loro forma (sfere, ottaedri, dodecaedri e così via) che porterebbe a risultati contraddittori, logicamente inconsistenti. Ma soprattutto la descrizione non spiegherebbe il mutamento. L'argomento principe, teso a demolire le tesi degli atomisti, è la generazione. Senza la presenza di una forma incorporea, pre-esistente in potenza nel seme dei genitori, come potrebbe avvenire la riproduzione dei viventi?

Le critiche radicali sviluppate dai due massimi esponenti del pensiero filosofico greco contro le tesi degli atomisti ne segnarono profondamente il destino, ma per tutta l'età ellenistica e, in seguito, in epoca imperiale romana, esse rimasero al centro del dibattito, grazie soprattutto ai contributi di Epicuro e Lucrezio.

Epicuro e Lucrezio

La popolarità di Epicuro nel mondo contemporaneo è il risultato di un equivoco. Il termine "epicureo" è entrato nel linguaggio comune come sinonimo di atteggiamento edonistico, che predilige il godimento dei beni materiali e considera fine unico dell'esistenza la ricerca del piacere. In realtà questa era la tesi dei filosofi cirenaici, dai quali Epicuro prese le distanze. Egli sosteneva che il saggio può raggiungere il piacere supremo solo liberandosi dalla paura della morte, e questo può avvenire unicamente attraverso la conoscenza dei meccanismi fisici che governano il mondo. Scopo della filosofia è permettere agli esseri umani di raggiungere la pace dello spirito, un equilibrio perfetto, nel quale diventa possibile fare a meno del superfluo. Epicuro invitava i discepoli a vivere con assennatezza e moderazione e a godere dei piaceri dell'esistenza tenendosi alla larga dagli eccessi che li avrebbero resi schiavi. Ma i suoi detrattori, per rafforzare la polemica, finiranno con l'estremizzare e distorcere le sue posizioni sul piano etico, ragion per cui il pregiudizio sul filosofo che esalta il piacere terreno giungerà fino a noi.

Epicuro nasce attorno al 341 a.C. a Samo, un'isola dell'Egeo antistante l'attuale costa turca, e trasferisce, nel 306 a.C., la sua scuola di filosofia ad Atene. La scelta della capitale della cultura antica testimonia la sua volontà di colpire al cuore le architetture di pensiero di Platone e di Aristotele, verso le quali manifesta fin da subito un'irriducibile ostilità.

La sua fu la prima delle grandi scuole ellenistiche e si distingueva dalla tradizione anche perché aveva sede non nelle piazze o nei ginnasi dove si incontravano gli uomini liberi, come con Socrate, Platone e Aristotele, ma nella sua casa privata. Era una dimora con un orto e un giardino, lontana dal centro della città, in una zona da cui si poteva ammirare la campagna circostante. Ma la caratteristica più rivoluzionaria della "scuola del giardino", come venne chiamata, era che, per la prima volta, fra i discepoli erano ammesse anche le donne; venne accolta addirittura una famosa etèra in cerca di redenzione e persino alcuni schiavi. La scuola di Epicuro fu una delle prime istituzioni in cui si praticava una forma di democrazia simile a quella moderna.

Riprendere e sviluppare l'atomismo di Democrito serve a Epicuro per gettare le basi di una concezione materialistica del mondo, sulla quale egli costruirà un nuovo approccio filosofico a tutto tondo. La realtà è perfettamente conoscibile dall'intelligenza umana. Non c'è bisogno di alcun intervento divino per capire i fenomeni naturali. Tutto si spiega quando si individua la dinamica interna che agisce nel mondo materiale.

Il reale è fatto di corpi e del vuoto in cui essi si muovono. I corpi composti sono fatti di atomi, si formano per aggregazione e sono soggetti a corrosione e deperimento. Questa legge vale anche per l'anima, che muore con il corpo. Perciò non si deve temere la morte. Non si sentirà più nulla perché con la morte del corpo anche l'anima si dissolverà.

Gli atomi sono minuscoli corpi invisibili e indivisibili. Vivono in eterno e costituiscono gli ingredienti essenziali per costruire il mondo materiale. Per confutare l'argomento di Aristotele, che contestava la macchinosità e l'incongruenza del meccanismo con cui gli atomisti spiegavano la formazione degli elementi, Epicuro assegna agli atomi forme, grandezze e soprattutto pesi diversi. Nel vuoto gli atomi sono in continuo movimento, formano una specie di pioggia impetuosa e continua, cadendo verso il basso ad altissima velocità.

Per permettere agli atomi di scontrarsi, aggregarsi e formare corpi composti, Epicuro introduce la declinazione, una tendenza naturale, intrinseca, allo scarto improvviso, alla deviazione casuale dalla traiettoria. È questo il suo più importante apporto alla teoria atomistica, che diventerà molto popolare quando un fervido seguace delle sue teorie, in epoca romana, metterà in versi l'epicureismo, traducendo "declinazione" con il termine latino *clinamen*.

Epicuro scrisse una trentina di libri sui più svariati argomenti. Sfortunatamente ci sono rimasti solo brani e frammenti di nove delle sue opere. Ma le sue tesi sono giunte fino a noi grazie al successo dell'epicureismo in età ellenistica e alle opere dei suoi seguaci di epoca romana, soprattutto di Lucrezio.

Tito Lucrezio Caro, nato probabilmente a Pompei attorno al 95 a.C., ci ha lasciato il più completo compendio del pensiero di Epicuro nella sua opera in versi *De rerum natura* (*Sulla natura delle cose*). Le notizie sulla sua vita sono scarse e molto frammentarie. Sembra plausibile che sia entrato in contatto con l'epicureismo nella "scuola del giardino" di Ercolano, dove insegnava Filodemo di Gadara, filosofo greco ospite del suocero di Cesare, il ricchissimo Lucio Calpurnio Pisone, proprietario di una magnifica villa sul mare.

Nel 79 d.C., quando l'eruzione del Vesuvio distrusse Ercolano, la villa dei Pisoni fu sepolta sotto trenta metri di detriti. Ceneri e lave incandescenti invasero la casa ricoprendo tutto, comprese le decine di statue di rara bellezza che la rendevano una vera e propria meraviglia. La coltre di materiali vulcanici seppellì anche la biblioteca, dove erano custoditi migliaia di papiri, trasformati in rotoli carbonizzati. Circa 1700 anni dopo l'eruzione, quando gli archeologi cominciarono a scavare, videro emergere splendide pareti affrescate, grandi mosaici e numerose statue in bronzo, fra le più belle mai realizzate. In quella che era un tempo la biblioteca recuperarono centinaia di papiri carbonizzati e la sorpresa fu tale che, per molto tempo, la villa fu chiamata Villa dei Papiri. Nessuno all'epoca – siamo attorno al 1750 – poteva immaginare che pochi secoli dopo alcuni ingegnosi scienziati avrebbero trovato il modo di leggere una parte del contenuto dei rotoli. Grazie a tecniche di tomografia computerizzata simili a quelle che si usano negli esami diagnostici di routine, infatti, si è scoperto che molti di quei rotoli erano testi di

Filodemo di Gadara, il filosofo epicureo protetto dai Pisoni. È così che una catastrofe naturale, che avrebbe potuto cancellare per sempre quel sapere, in realtà l'ha preservato per millenni.

Al *De rerum natura* di Lucrezio toccherà un destino simile a quello dei papiri di Filodemo. L'opera in sei libri, che trascrive in magnifici versi la concezione del mondo che libera gli uomini dal terrore della morte e degli dèi, riscuote immediatamente un notevole successo. Cicerone giudica Lucrezio un grandissimo poeta, Ovidio lo reputa sublime, Tacito ricorda i molti che lo preferivano a Virgilio.

Ma proprio perché si diffonde fra le classi alte romane, l'epicureismo è destinato a entrare in rotta di collisione con il cristianesimo, la nuova visione del mondo che caratterizza gli ultimi secoli dell'impero. Nel II secolo d.C. le tesi di Epicuro sembrano ormai aver preso il sopravvento; l'imperatore Adriano concede agli epicurei notevoli privilegi, Marco Aurelio istituisce ad Atene una cattedra di epicureismo finanziata dallo stato. Ma questo è anche il periodo in cui cominciano le confutazioni più agguerrite da parte dei primi Padri della Chiesa.

Clemente di Alessandria, all'inizio del III secolo d.C., attacca di petto Epicuro come empio e campione di ateismo, in quanto sostenere che gli uomini possano raggiungere da soli la felicità in terra, per un cristiano, significa sostituirsi a Dio. Clemente chiama alla battaglia contro tutti "quelli che pongono come principio gli atomi: poveri uomini senza fede, schiavi dei piaceri, che si rivestono del nome di filosofi".

Quando il cristianesimo diventerà la religione ufficiale dell'impero resterà ben poco spazio per le tesi di Epicuro. Sorte analoga subirà il *De rerum natura*. Lucrezio e la sua opera più importante finiranno sepolti sotto una coltre di ostilità ben più spessa degli strati di cenere vulcanica che avevano seppellito la Villa dei Pisoni. Lentamente ma inesorabilmente, le copie di questo capolavoro saranno distrutte o andranno perdute o, semplicemente, nessuno provvederà a ricopiarle dagli originali rovinati. La *damnatio memoriae* che travolgerà Lucrezio e l'atomismo avrebbe potuto cancellarne l'esistenza per sempre, se non fosse stato per un ritrovamento fortuito da parte di un cercatore di manoscritti molto fortunato.

L'incredibile scoperta del segretario di un antipapa

Nel 1410, a Giovanni Francesco Poggio Bracciolini sembrava di toccare il cielo con un dito. All'età di trent'anni era stato scelto come segretario personale di Baldassarre Cossa, il papa appena eletto, che aveva preso il nome di Giovanni XXIII.

Nato a Terranuova, un borgo nei pressi di Arezzo, figlio di un mercante di spezie che, fra l'altro, si era riempito presto di debiti, aveva dovuto rinunciare alle sue ambizioni di studiare Giurisprudenza a Bologna e diventare notaio. Privato del sostegno economico della famiglia, aveva trovato impiego a Firenze come copista, una professione umile che lui svolse però con tale solerzia da meritarsi presto il sostegno di importanti intellettuali e uomini politici della città. Lettore e studioso vorace di tutte le opere in greco e latino che gli capitavano sottomano, tentò il grande salto trasferendosi a Roma, sostenuto da buone lettere di raccomandazione. E lì il caso volle che, di colpo, la ruota della fortuna girasse a suo favore. Il segretario del papa era responsabile della corrispondenza privata del pontefice e apparteneva alla cerchia ristretta dei suoi collaboratori più fidati.

Per Poggio Bracciolini si avverava il sogno di una vita; lui, il figlio dello speziale, era stato accolto a Roma, nella residenza papale, nel cuore dell'istituzione attorno alla quale ruotava tutto il potere politico ed economico del mondo. Ma il destino aveva in serbo per lui una beffa atroce.

All'inizio del Quattrocento il papato stava vivendo una delle sue crisi più aspre, destinata a travolgere Giovanni XXIII. Baldassarre Cossa non era quello che si considera abitualmente uno stinco di santo. Nato a Procida, la piccola isola che chiude il golfo di Napoli, apparteneva a una famiglia ricca ma molto chiacchierata; due suoi fratelli saranno arrestati e condannati a morte per atti di pirateria e riusciranno a sfuggire al capestro solo grazie all'intercessione del potente Baldassarre, che era già camerlengo, cioè ministro delle Finanze, di papa Bonifacio IX. Come custode del tesoro vaticano, aveva messo in piedi un lucroso commercio di indulgenze; trafficava con le famiglie più ricche e potenti d'Europa ogni volta che c'era da assegnare qualche carica ecclesiastica particolarmente ambita. Girava voce che non fosse stato del tutto estraneo persino all'avvelenamento che aveva portato alla morte prematura di Alessandro V. Quanto al voto di castità che gli ecclesiastici avrebbero dovuto osservare, le malelingue parlavano di un viavai ininterrotto negli appartamenti papali di vedove, suore e giovani spose. Ma tutto questo gli sarebbe forse stato perdonato, se non fosse stato per l'ostilità del re di Napoli.

Quel periodo fu uno dei più tormentati della storia della Chiesa, che dal 1378 era lacerata dallo Scisma d'Occidente. Da decenni la comunità cristiana, profondamente divisa, eleggeva due papi, uno a Roma e l'altro ad Avignone, in lotta feroce tra loro. L'era dei papi e degli antipapi raggiunse il culmine al tempo di Giovanni XXIII quando, a contendersi il titolo, furono addirittura in tre: oltre a lui, lo spagnolo Pedro de Luna (Benedetto XIII) e il veneziano Angelo Correr (Gregorio XII). Nella disputa si intromise Ladislao d'Angiò, re di Napoli, che dichiarando antipapa Giovanni XXIII, mosse l'esercito su Roma e costrinse il Cossa a fuggire e a chiedere aiuto all'imperatore del Sacro Romano Impero, Sigismondo di Lussemburgo.

Su sollecitazione dell'imperatore, Giovanni XXIII convocò il Concilio di Costanza, proprio per porre fine allo Scisma d'Occidente. Ma, contrariamente alle proprie aspettative, lo stesso Cossa fu arrestato e, giudicato colpevole di simonia, sodomia, incesto, omicidio e vari altri reati, nel 1415 fu deposto.

Trascinato nella disgrazia dalla cattiva sorte del suo protettore, Poggio Bracciolini non si perse d'animo e decise di approfittare del soggiorno in Germania per rispolverare la sua inesauribile passione di umanista. Era noto che nei monasteri tedeschi erano conservate decine, forse centinaia di opere dell'antichità dimenticate da tutti, perché non venivano sistematicamente ricopiate dagli amanuensi. Bracciolini cominciò a visitare abbazie e monasteri svizzeri e tedeschi nei dintorni di Costanza. In uno di questi, forse a San Gallo, sulla sponda svizzera del Lago di Costanza, o a Fulda, un'antica abbazia nei pressi di Kassel, fece la scoperta destinata a iscrivere per sempre il suo nome nella storia. Si imbatté infatti nel manoscritto del *De rerum natura*, un'opera il cui titolo sicuramente conosceva, perché era stato citato da Ovidio, Cicerone e altri grandi della letteratura antica. Immediatamente Bracciolini fece copiare il manoscritto da uno scrivano e mandò l'opera a un amico di Firenze perché provvedesse a produrne altri esemplari. Era il 1417 e, di lì a poco, l'invenzione della stampa a caratteri mobili di Gutenberg avrebbe fatto il resto.

Ben presto il poema filosofico di Lucrezio, con le sue speculazioni sugli atomi e sugli dèi, sulla felicità degli uomini e contro la paura della morte, sarebbe diventato un testo fondamentale con cui confrontarsi. Come tutti i grandi libri, il manoscritto rinvenuto da Poggio Bracciolini avrebbe cambiato la storia del mondo, influenzando decine di artisti, scienziati e filosofi.

Venere, Zefiro e i vermi del formaggio

La bellezza dei versi di Lucrezio fu determinante per la divulgazione del *De rerum natura* fra gli intellettuali di tutta Europa. E così, con la cadenza caratteristica degli splendidi esametri, si diffusero ovunque le idee rivoluzionarie di Democrito ed Epicuro.

L'Europa della seconda metà del Quattrocento era attraversata da forti contrasti, quelli che avrebbero portato alla Riforma protestante di Martin Lutero. Ma, nonostante le tesi esplicite sulla mortalità dell'anima e la perniciosità della religione, almeno all'inizio il testo di Lucrezio non attirò l'attenzione delle autorità ecclesiastiche. Forse perché la circolazione dell'opera in latino era comunque limitata, o magari perché la bellezza dei versi era tale che molti ne rimasero affascinati, compresi non pochi ecclesiastici, alcuni alti prelati e persino un cardinale, Marcello Cervini, futuro papa Marcello II. Sta di fatto che, quando nel 1559 fu istituito l'Indice dei libri proibiti, il *De rerum natura* non figurava tra le opere incriminate. Per giungere alla prima messa al bando bisogna attendere il 1717, quando fu tradotto in italiano e pubblicato a Londra.

Questo ritardo spiega come mai le idee di Democrito ed Epicuro, così elegantemente rappresentate in quei versi, saranno conosciute da centinaia di intellettuali europei e avranno una profonda influenza sul dibattito filosofico e sull'attività di ricerca di moltissimi umanisti e scienziati.

Per una serie di circostanze fortuite, dunque, il materialismo rinasce e riacquista vigore grazie alla caduta in disgrazia di un antipapa. Se Giovanni XXIII non fosse stato arrestato a Costanza, Poggio Bracciolini, impegnato com'era nell'attività di segretario papale, non avrebbe potuto dedicare così tanto tempo ed energie alla sua passione per gli antichi manoscritti.

La fortuna dell'opera di Lucrezio fu immediata. Alla fine del Quattrocento il *De rerum natura* ispirava non solo poesie e testi letterari, ma anche alcuni dei capolavori della nostra arte figurativa, come la *Primavera* di Botticelli.

Il dipinto, realizzato attorno al 1480, attira ancora oggi l'attenzione dei visitatori che affollano la Galleria degli Uffizi. Il quadro rappresenta nove figure della mitologia classica immerse in un boschetto di aranci e di alloro che si apre su un prato fiorito. Al centro Venere, dea dell'amore e della bellezza, sovrastata da Cupido, bendato, che scaglia le sue frecce. A destra, Zefiro abbraccia e feconda la ninfa Clori, che si trasforma in Flora, dea della fioritura. A sinistra, Mercurio, distaccato, quasi assente dalla scena, con le tre Grazie che danzano, leggermente velate, vicino a lui.

Nella rinascita della natura, nel tripudio di piante e fiori, l'opera celebra Venere come madre-natura, dea splendida e benigna che popola la terra di ogni specie vivente, sorgente di prosperità e piacere per gli uomini e gli dèi. È il trionfo della dea della bellezza che, grazie alle arti del piacere, riesce a placare persino Marte, il dio della guerra. Nella forza generatrice della natura, che prende il centro della scena, riecheggia l'inno alla dea dell'amore con il quale Lucrezio apre il suo poema: "[...] divina Venere [...] che vivifichi le terre che producono raccolti, grazie a te ogni specie vivente viene concepita, e una volta sbocciata può vedere la luce del sole. [...] Non appena si svela il volto primaverile dei giorni, e prende vigore il soffio del fecondo zefiro, per primi gli uccelli dell'aria annunziano te, nostra dea, e il tuo arrivo [...] tu solamente governi la natura delle cose, e nulla senza di te può sorgere alle divine regioni della luce [...]" (*De rerum natura*, I, vv. 1-23).

Nascosti sotto lo splendore delle pennellate di Botticelli o nei versi di illustri poeti come Agnolo Poliziano, immagini e concetti che rispecchiano fedelmente il *De rerum natura* sono apprezzati dall'élite intellettuale dell'epoca senza incontrare ostacoli di alcun genere da parte del potere costituito. Diverso è il discorso quando si tramutano in teorie filosofiche esplicite e, soprattutto, quando travalicano il muro del dibattito fra eruditi divenendo oggetto di discussione pubblica.

È quello che accadde con Giordano Bruno, un frate domenicano, nato a Nola nei pressi di Napoli nel 1548, che divulga le sue tesi in giro per tutta Europa. Espone il proprio sapere enciclopedico in lezioni e dibattiti pubblici e scrive una quantità impressionante di lavori filosofici, alcuni in italiano, per diffondere le sue idee fra il pubblico più vasto.

Lucrezio è una fonte e un punto di riferimento filosofico costante per il pensiero di Bruno. Il *De rerum natura* è citato esplicitamente sia nei dialoghi italiani sia nelle opere latine. Bruno si richiama a Lucrezio quando considera l'atomo e il "minimo" come parti originarie e costitutive della materia e ipotizza la generazione spontanea di tutte le specie materiali, comprese quelle viventi, a partire dai processi di aggregazione degli atomi.

Gli esseri umani sono una forma di vita come molte altre, tutte scaturite da fenomeni naturali. Non c'è alcuna distinzione sostanziale fra i corpi materiali dotati di vita propria e quelli inerti. Entrambi nascono da un universo illimitato, pieno di innumerevoli mondi in cui si realizzano infinite possibilità. Questa visione del mondo, totalmente contrapposta al geocentrismo ufficiale, attirò presto l'attenzione della Santa Inquisizione, che nel 1592 fece incarcerare Giordano Bruno e lo sottopose a un lungo processo.

È interessante notare come, sul finire del Cinquecento, accanto al materialismo colto dei circoli intellettuali, negli ambienti popolari circolassero già forme di materialismo religioso, per quanto meno raffinato del primo, di cui si ha testimonianza grazie agli atti di altri processi dell'Inquisizione.

Domenico Scandella, detto Menocchio, era un oscuro mugnaio, sposato e padre di sette figli, che viveva nel villaggio di Montereale, in Friuli. Nel 1584, all'età di cinquantadue anni, venne messo sotto accusa dal Sant'Uffizio per eresia. Nel corso del processo il mugnaio difese le sue tesi con intelligenza: "Morto il corpo more l'anima, ma resta il spirito che ritorna a Dio". Nelle sue ingenue proposizioni si riaffaccia il materialismo dei presocratici e la tesi lucreziana dell'autogenerazione. "Io ho detto che... tutto era un caos," spiega il mugnaio all'inquisitore che lo interroga sulle origini del mondo,"cioè terra, aere, acqua et foco insieme; et quel volume, andando così, fece una massa, aponto come si fa il formazo nel latte, et in quel diventorno vermi, et quelli furno li angeli... et tra quel numero de angeli ve era anco Dio, creato anchora lui da quella massa in quel medesimo tempo."

Il primo processo a Menocchio si concluse con la condanna alla prigione a vita, ma dopo pochi anni fu scarcerato. Il Sant'Uffizio continuò comunque a tenerlo d'occhio, e nel 1599 il mugnaio friulano fu incarcerato di nuovo e stavolta condannato a morte. La sentenza venne eseguita poco prima che la stessa fine toccasse a Giordano Bruno, arso vivo in Campo de' Fiori a Roma il 17 febbraio 1600.

Le sorti parallele del filosofo conosciuto in tutta Europa e dell'anonimo mugnaio friulano ci fanno comprendere fino a che punto le tesi materialiste fossero penetrate nella società del Cinquecento.

La nascita della scienza moderna e l'atomismo

Il concetto lucreziano secondo il quale "la natura non è sottomessa a padroni superbi. Fa tutto da sé e senza interventi divini" trovò il terreno più fertile in ambito scientifico. All'inizio del Seicento la scienza è attraversata dal dibattito sull'ipotesi copernicana, che collocava il Sole e non la Terra al centro dell'universo, e trova in Galilei e Keplero i pilastri attorno ai quali si costruirà la nuova visione del mondo. Con Galilei nasce il metodo scientifico moderno, che abbraccia implicitamente l'assunto lucreziano di una natura che segue soltanto le proprie leggi di trasformazione. In più punti del proprio lavoro lo scienziato pisano sembra sostenere l'ipotesi atomistica, e non è un caso che uno dei suoi più brillanti seguaci, Evangelista Torricelli, abbia dedicato molte sue ricerche a produrre e studiare il vuoto, componente essenziale dell'universo di Lucrezio.

Isaac Newton dichiarò esplicitamente la sua ammirazione per Epicuro e ne abbracciò le tesi atomistiche che lo portarono, fra l'altro, a sviluppare una teoria corpuscolare della luce. Le "particelle dure", come Newton definiva gli atomi che costituiscono i corpi, sono dotate di forze mediante le quali agiscono a distanza l'una sull'altra per produrre le diverse reazioni chimiche. Forma, durezza, impenetrabilità di un corpo materiale dipendono dalle caratteristiche già presenti nelle particelle che lo costituiscono. Con Newton comincia la lunga vicenda che ha portato gli scienziati a sviluppare l'atomismo moderno. La materia è costituita da atomi e sono le forze che agiscono fra queste particelle a determinare la natura dei corpi.

Nella seconda metà del Seicento, le scienze sperimentali – l'astronomia, la fisica e la nascente chimica moderna che sarà ancora per molti decenni mescolata con l'alchimia – diventano gli strumenti principali per indagare la natura. Per spiegare i risultati dei loro esperimenti gli scienziati sono costretti ad abbandonare gradualmente ogni riferimento ai principi aristotelici. Sottoposte a reazioni chimiche, le sostanze cambiano forma, producono composti e modificano radicalmente le loro caratteristiche. La materia si presenta molto più variegata e complessa, per cui il ricorso ai quattro elementi classici – acqua, aria, terra e fuoco – si rivela improponibile. Tutto diventa invece più semplice se si ammette l'ipotesi atomistica, se si guarda alla materia come composta da particelle primarie dotate di specifiche qualità. Per quanto esse risultino invisibili e impercettibili e sia impossibile dimostrarne l'esistenza in maniera diretta, l'evidenza raccolta è impressionante.

Agli inizi dell'Ottocento si deve allo scienziato inglese John Dalton la prima versione moderna della teoria atomistica. Grande studioso delle proprietà dei gas, l'interesse di Dalton per l'aria e la dinamica dell'atmosfera terrestre lo porta a diventare una sorta di antesignano della moderna meteorologia. Per spiegare risultati e caratteristiche di alcune note reazioni chimiche, formula la sua teoria atomica e pubblica la tavola dei pesi atomici relativi a sei elementi (idrogeno, ossigeno, azoto, carbonio, zolfo e fosforo), tutti misurati in relazione al peso dell'atomo di idrogeno, preso come riferimento e posto uguale a uno. Grazie ai pesi atomici, le reazioni chimiche diventano prevedibili quantitativamente. È l'inizio della grande avventura che, nel 1869, porterà alla tavola periodica degli elementi a opera dello scienziato russo Dmitrij Ivanovič Mendeleev.

Se si dispongono i vari elementi chimici in ordine di peso atomico crescente, si scopre che alcune delle loro caratteristiche fisiche e chimiche si ripetono a intervalli regolari, sono appunto periodiche. Per esempio, i cosiddetti metalli alcalini – il litio, che ha peso atomico 7, il sodio, di peso atomico 23, e il potassio, di peso atomico 39 – hanno un aspetto lucente, sono teneri e duttili e mostrano reazioni molto violente con l'acqua. Classificandoli sulla base di questa periodicità nel peso atomico, dato che distano fra loro di 16 unità, Mendeleev li organizza in un gruppo omogeneo.

Seguendo questo approccio, lo scienziato russo costruisce una tavola che contiene tutti gli elementi conosciuti. Riguardo a quei posti che scopre restare vacanti nella periodicità, sostiene che si tratta di elementi ancora da individuare e ne predice anche le caratteristiche. Alcuni anni dopo, quando vennero scoperti gallio e germanio, corrispondenti in pieno all'identikit che era stato tracciato da Mendeleev, il successo della sua tavola periodica fu unanime. Più tardi risulterà chiaro che, per evitare contraddizioni, è necessario organizzare la tavola degli elementi in ordine crescente di carica del nucleo atomico, quello che oggi si chiama numero atomico.

Per ironia della sorte, nel 1897, proprio negli stessi anni in cui la tavola periodica degli elementi di Mendeleev conosceva il massimo successo, Joseph Thomson, un fisico, direttore del laboratorio di Cavendish in Inghilterra, scopriva l'elettrone.

La fine dell'Ottocento segnava quindi il trionfo del modello atomistico e, al contempo, l'inizio della sua crisi. Risultò infatti subito evidente che gli elettroni si trovavano all'interno degli atomi; quello che per 2500 anni era stato considerato l'elemento indivisibile per antonomasia era in realtà uno stato composto, aveva una struttura e si poteva rompere in componenti ancora più elementari.

È l'inizio del grande processo che ha portato la fisica del Novecento a produrre quello che oggi noi chiamiamo Modello Standard della fisica delle particelle.

3.
Sono solo particelle

Con la scoperta dell'elettrone da parte di Thomson nasce lo studio sperimentale della struttura atomica. Gli scienziati del primo Novecento riescono a mettere a punto tecniche che consentono di "vedere l'invisibile". Gli atomi rimangono corpuscoli troppo piccoli per essere visualizzati direttamente, ma gli esperimenti di fisica sono ormai in grado di sottoporre a verifica modelli atomici diversi.

Per capire di cosa è fatta la materia ordinaria, quella che forma una roccia o le ali di una farfalla, bisogna prendere confidenza con le particelle elementari. Lo possiamo fare per gradi, perché la stragrande maggioranza della materia che ci circonda è costituita da un numero molto limitato di componenti di base.

Enunciata nella maniera più semplice, si può formulare la faccenda in questo modo: la materia è fatta di particelle che interagiscono fra loro scambiandosi altre particelle. Tutto qua.

Ma come è stato possibile identificare queste particelle? Che cosa significa che interagiscono fra loro scambiandosi altre particelle? Con quali tecniche si possono scoprire le parti più infinitesime della materia?

Il lato oscuro della Luna

Per miscelare i materiali che le servivano, sua moglie usava un contenitore metallico. L'aggeggio poteva ruotare su se stesso grazie a un piccolo motore elettrico in grado di amalgamare bene la pasta che lei avrebbe trasformato in un nuovo oggetto di ceramica. Roger cercava da giorni una soluzione al suo problema e di colpo tutto fu chiaro. Bastava gettare nel vaso ruotante un pugno di monetine e registrare il suono che ne usciva. Campionandolo e mixando il tutto con il rumore di un registratore di cassa, ottenne presto il tempo in 7/4 che voleva.

Abbiamo appena assistito alla nascita di *Money*, uno dei pezzi più famosi della storia del rock. Il brano, scritto da Roger Waters per i Pink Floyd e pubblicato nel 1973 come singolo, riscosse un successo planetario, al pari dell'album, *The Dark Side of the Moon*, che ha venduto oltre cinquanta milioni di copie.

Nei primi anni settanta, un'intera generazione di giovani cercava di identificare, anche nella musica, quella faglia irriducibile che avrebbe separato per sempre il presente dal futuro e che già si percepiva nella politica, nell'economia, nel costume e persino nei rapporti interpersonali.

Con l'uscita di *The Dark Side of the Moon* il rock non sarebbe più stato lo stesso. La rottura operata dai Pink Floyd era irrimediabile. Si aprirono molte strade, alcune totalmente inesplorate, che avrebbero dato vita a sviluppi fino ad allora impensabili.

Stiamo parlando di musica rock, ma il discorso può essere esteso a molte altre discipline. Ci sono momenti in cui di colpo cambia tutto, si spezza un equilibrio che non sarà più ricomposto e si intuisce che da questa frattura nasceranno imprevedibili novità.

Mi ha fatto impressione trovare di recente una maglietta dei Pink Floyd fra quelle più amate da Giuliano, undici anni, ed Elena, quattordici, i miei nipotini più grandi. Ancora di più mi ha stupito rendermi conto che conoscevano bene il gruppo che aveva segnato la mia adolescenza e che brani scritti cinquant'anni fa come *Money* o *Time* erano loro familiari. Adolescenti di oggi che ascoltano la musica trap e che guardano con sufficienza persino i cantanti rock più famosi, perché li ritengono troppo vecchi, apprezzano musica prodotta prima ancora che nascessero i loro genitori.

Questo succede perché la rottura è stata così profonda e netta che, nonostante siano passati molti decenni, ancora non si è riusciti a realizzare un salto altrettanto significativo. Sorrido pensando alla reazione che avrei avuto se, negli anni fra il '65 e il '70, un anziano signore mi avesse fatto ascoltare la musica che andava di moda nel periodo della sua gioventù, attorno agli anni venti del secolo scorso.

I nuovi canoni che quella rottura ha prodotto incontrano i gusti dei giovanissimi perché sono utilizzati tutt'oggi. Qualcosa del genere accadde in fisica ai primi del Novecento. Un esperimento geniale e una serie di teorie sviluppate per comprenderne i risultati rivoluzionarono il modo di guardare alla materia e al mondo. Ma ancora oggi, a più di un secolo di distanza, seguiamo la stessa strada, usiamo quegli stessi canoni. Per ora non siamo riusciti a trovare qualcosa di più efficace e produttivo in termini di conoscenza della struttura più intima della materia.

Cacciatori di particelle

Nel 1908 Lord Ernest Rutherford sviluppò l'esperimento che aprirà la strada alla moderna fisica delle particelle. Gli atomi di una sottilissima lamina d'oro venivano esposti a un flusso di altre particelle, cariche positivamente e altamente energetiche. Attraversando il materiale, una frazione delle stesse cambiava direzione e l'apparato permetteva di misurare di quanto venivano deviate.

Con grande sorpresa, Rutherford notò che spesso subivano deviazioni importanti, al punto che, addirittura, in alcuni rari casi, "rimbalzavano" all'indietro. L'unica spiegazione possibile per questo strano comportamento era che gli atomi fossero composti da un minuscolo nucleo centrale, nel quale si concentrava la carica elettrica positiva e tutta la massa, circondato da una nuvola evanescente di elettroni, carichi negativamente.

L'uso di particelle per sondare la struttura più intima della materia è la tecnica di base che utilizziamo ancora oggi. Quando, nel 1912, gli scienziati scoprirono che siamo continuamente attraversati da un flusso di particelle penetranti provenienti dallo spazio profondo, le sorgenti radioattive usate da Lord Rutherford furono presto sostituite dai raggi cosmici. Poi, a partire dagli anni trenta, entrarono in gioco gli acceleratori, le macchine che domineranno la scena per tutta la seconda metà del Novecento. Il risultato di questo lavoro, durato più di un secolo, è il Modello Standard delle interazioni fondamentali, che è lo stadio più avanzato a oggi raggiunto di questa lunga ricerca dei costituenti elementari.

Per capire come funziona il nostro lavoro di cacciatori di particelle occorre partire da alcune considerazioni sulle dimensioni dei minuscoli oggetti che vogliamo studiare.

Un granello di sabbia sottile è una delle cose più piccole che noi possiamo distinguere chiaramente. Le sue dimensioni sono all'incirca di un decimo di millimetro (usando la notazione a potenze di dieci che risulterà particolarmente conveniente, 10^{-1} mm, che significa appunto un millimetro diviso dieci, o 10^{-4} m, visto che 1 mm è un millesimo di metro, cioè 10^{-3} m).

Al di sotto di queste dimensioni i nostri occhi non ci permettono di risolvere alcun dettaglio. Per esempio, se ci pungiamo un dito e ne esce una piccola goccia di sangue, per quanti sforzi facciamo non riusciremo a vedere i globuli rossi, le cellule che conferiscono al nostro sangue la sua caratteristica colorazione. Ma se usiamo un buon microscopio, sarà possibile vedere bene gli eritrociti, come sono chiamati in linguaggio scientifico. Ingrandendo il campione di centinaia di volte, ci appariranno come strutture somiglianti a dischetti biconcavi, e potremo misurarne il diametro che risulterà di circa 7 millesimi di millimetro o milionesimi di metro o, come si usa dire, micro-metri, cioè 7×10^{-6} m.

Il tristemente noto virus Sars-Cov-2 è molto più piccolo di un globulo rosso. Le sue dimensioni sono comprese fra i 60 e i 140 nano-metri, cioè miliardesimi di metro, o millesimi di micro-metri, $(60\text{-}140)\times10^{-9}$ m usando ancora le potenze di dieci. Anche i microscopi ottici più potenti non sarebbero in grado di distinguere uno di questi virus. Sono talmente piccoli che la luce incontra i suoi limiti intrinseci. Non si tratta di avere un microscopio più potente, cioè capace di fornire un ingrandimento maggiore, perché qui entra in gioco la lunghezza d'onda, una caratteristica della luce e di tutte le forme di radiazione che si possono descrivere come un'onda. La minima lunghezza d'onda della luce visibile è di circa 400 nano-metri; questo significa che con i microscopi ottici, a meno di non ricorrere a tecniche estremamente sofisticate o che fanno uso di fenomeni quantistici, non riusciremo a distinguere strutture molto più piccole. La luce semplicemente le confonderà, non discriminerà i dettagli, ci mostrerà un'immagine sfocata e grossolana che ci impedirà di capire che cosa succede al di sotto di quella scala.

Per superare questa barriera, bisogna fare ricorso a forme di radiazione molto più penetranti della luce visibile. Più alta è l'energia della radiazione, più piccola risulta la sua lunghezza d'onda, e questo si traduce in una capacità di distinguere dettagli di dimensioni sempre minori. È il principio che sfruttano i microscopi elettronici, strumenti che "illuminano" gli oggetti da esaminare con fasci di elettroni accelerati. La lunghezza d'onda di questa "luce" fatta di elettroni può facilmente raggiungere il nano-metro, 10^{-9} m, per cui ricostruire rapidamente le immagini del virus responsabile del Covid è stato un gioco da ragazzi.

Quando si scende al di sotto della scala dei nano-metri, si entra nel mondo delle molecole e degli atomi. Oggi siamo in grado di visualizzarli avvalendoci di svariate tecniche: microscopi elettronici avanzati, microscopi a effetto tunnel o a forza atomica. Questi ultimi sono speciali apparecchiature che utilizzano una sottilissima punta per scandagliare la superficie ultralevigata del materiale da esaminare; l'apparato permette di registrare le infinitesime deflessioni della punta quando si avvicina a un atomo e di ricostruire così un'immagine della struttura atomica del campione.

Con opportuni accorgimenti è possibile visualizzare addirittura il più piccolo fra gli atomi, quello di idrogeno, che ha una dimensione di un decimo di nano-metro, cioè 10^{-10} m.

Forse ora si capiscono meglio le difficoltà dei fisici di inizio Novecento e la genialità di Rutherford nel mettere a punto il suo esperimento, dato che l'atomo è un oggetto maledettamente piccolo e intrinsecamente invisibile se si cerca di visualizzarlo con la luce ordinaria.

L'idea vincente di Rutherford fu di usare come "luce" i raggi alfa, una forma di radiazione molto energetica prodotta dalla radioattività naturale di alcuni elementi instabili, che aveva scoperto lui stesso alcuni anni prima. Oggi sappiamo che i raggi alfa sono nuclei di elio ionizzato, cioè atomi di elio privati dei loro elettroni: si tratta di particelle cariche, molto pesanti, che interagiscono violentemente con la materia. Per evitare che fossero completamente assorbite, Rutherford scelse di "illuminare" con le alfa una sottile lamina d'oro. Il metallo prezioso è una delle sostanze più duttili che si conoscano e se ne possono ricavare fogli di spessore infinitesimo.

Il risultato non lasciava adito a dubbi. La stragrande maggioranza di particelle alfa attraversava indenne la lamina d'oro; solo una minuscola frazione veniva deviata a grandi angoli, e alcune rimbalzavano addirittura all'indietro. L'unica spiegazione plausibile era che la carica positiva degli atomi non era distribuita uniformemente all'interno del volume, ma era tutta concentrata in una minuscola regione al centro dell'atomo, il suo nucleo.

L'esperimento di Rutherford mandò in soffitta il modello proposto da Thomson, il cosiddetto "modello atomico a panettone", con la carica positiva distribuita ovunque all'interno della piccola sfera, proprio come avviene con i chicchi di uvetta nel caratteristico dolce natalizio. Rutherford dimostrò che tutta la massa e la carica positiva degli atomi era concentrata nel nucleo, le cui dimensioni risultavano diecimila volte più piccole di quelle dell'atomo. Gli elettroni, che pesano circa duemila volte meno di un protone, contribuiscono solo marginalmente alla massa dell'atomo.

Ai primi del Novecento si comprende dunque che l'atomo, l'oggetto "indivisibile" per antonomasia, ha in realtà una struttura interna. Se lo si immagina come una piccola sfera di diametro 10^{-10} m, il suo nucleo centrale risulta concentrato in una minuscola regione di 10^{-14} m. Se si considera l'atomo più semplice, quello di idrogeno, formato da un solo protone attorno al quale orbita un solo elettrone, il suo nucleo risulta di 1 femto-metro, cioè 10^{-15} m. In seguito, per onorare la memoria del grande scienziato Enrico Fermi, questa unità di misura fondamentale, che definisce le dimensioni di un protone, sarà chiamata 1 fermi, in sigla fm, la stessa dei femto-metri.

Ecco che l'atomo risulta fatto in larga parte di vuoto. Se espandessimo un atomo di idrogeno fino a fargli raggiungere le dimensioni di uno stadio di calcio, il protone che forma il suo nucleo centrale sarebbe grande come una formica piazzata al centro del campo, mentre l'elettrone gli girerebbe attorno sull'ultima gradinata.

Con la scoperta della struttura interna degli atomi, per gli scienziati della prima metà del Novecento diventò naturale chiedersi di che cosa fossero fatti i nuclei atomici e soprattutto che cosa li tenesse assieme.

Particelle che si legano ad altre particelle

Fu Rutherford stesso a coniare il termine "protone", prendendolo a prestito dal superlativo greco πρῶτον (*proton*), che indicava il primo, quello che veniva prima di tutti. Fu un'intuizione fortunata che risulterà confermata dalla scienza contemporanea, anche se a quel tempo si pensava di aver trovato il costituente elementare, il vero "atomo" della materia.

Successe nel 1919, quando Rutherford riuscì, casualmente, a produrre la prima reazione nucleare. Bombardando nuclei di azoto con le stesse particelle alfa che aveva usato per cercare di capire la struttura dell'atomo, scoprì che venivano emessi nuclei di ossigeno e nuclei di idrogeno ionizzati, cioè senza elettroni, i protoni appunto. Diventava perciò naturale immaginare i nuclei atomici formati da protoni, carichi positivamente, con la nuvola di elettroni, carichi negativamente, che orbitava loro attorno rendendo il tutto elettricamente neutro.

Mentre si progrediva nella comprensione della struttura più intima della materia, sorgevano però nuovi problemi e nascevano domande cui non si riusciva a dare risposta: come fanno più protoni a stare assieme nel nucleo? Le leggi dell'elettromagnetismo erano ben note: i protoni, dotati della stessa carica positiva, si respingono con una forza terribile se cerchiamo di confinarli in quegli spazi ridottissimi. Riemergeva in forme nuove la *vexata quaestio* che aveva tormentato i primi pensatori greci fautori dell'atomismo: se i protoni sono gli atomi, come fanno ad aggregarsi fra loro? Che cosa li lega assieme?

C'era poi un problema di fondo che riguardava gli elettroni. Nelle loro orbite attorno al nucleo si muovono di moto accelerato e le leggi dell'elettromagnetismo non ammettono deroghe: quando una carica si muove di moto circolare deve necessariamente emettere fotoni e quindi perdere energia per irraggiamento. Ma se gli elettroni perdessero energia, le dimensioni delle loro orbite dovrebbero ridursi sempre più fino a farli "cadere" nel nucleo. A questo punto si unirebbero ai protoni neutralizzandone la carica e l'atomo collasserebbe. Insomma, con quel modello atomico la materia – tutta la materia fatta di atomi – scomparirebbe di colpo fin dai primi istanti. Con ogni evidenza, c'era sotto qualcosa di enorme che sfuggiva agli scienziati dell'epoca.

La faccenda divenne ancora più complicata nel 1932, quando il fisico inglese James Chadwick scoprì il neutrone. Ancora una volta c'era lo zampino di Rutherford. Era stato lui, nel 1920, a ipotizzare che nel nucleo atomico si dovessero trovare, oltre ai protoni, anche altre particelle neutre, i neutroni, in tutto e per tutto simili ai protoni tranne per il fatto che non avevano carica elettrica e che dovevano essere leggermente più pesanti. In questo modo era possibile spiegare le differenze di peso atomico fra i vari elementi con lo stesso numero atomico, cioè la stessa carica elettrica del nucleo.

Chadwick si mise al lavoro e riuscì nell'impresa. Quando

decise di bombardare con particelle alfa un disco di berillio dimostrò che le particelle emesse avevano tutte le caratteristiche del neutrone. A questo punto, usando come ingredienti di base protoni, neutroni ed elettroni, era possibile dare una spiegazione convincente alla tavola periodica degli elementi di Mendeleev. Il più semplice elemento, con numero atomico 1, era l'idrogeno, formato da un protone e un elettrone. Con numero atomico 2 si otteneva l'elio, le cui proprietà si spiegavano assumendo due elettroni in orbita attorno a una coppia di protoni legati a due neutroni all'interno del nucleo. Poi si passava al litio, numero atomico 3, tre protoni e quattro neutroni nel nucleo e tre elettroni a orbitare attorno e così via.

Con la scoperta del neutrone, tuttavia, comprendere che cosa teneva assieme i nuclei atomici diventava ancora più complicato. Adesso era necessario spiegare come facevano protoni e neutroni a stare assieme in quella porzione di spazio così minuscola. Bisognava trovare una nuova forza, molto più potente della repulsione elettromagnetica, che teneva schiacciati nel nucleo anche i neutroni, ossia particelle prive di carica. E doveva essere una forza che moriva subito, non appena ci si allontanava dal nucleo stesso. Le evidenze che su scala nucleare agiva effettivamente la più violenta di tutte le forze verranno raccolte molto presto, ma per capire bene che cosa succedeva dentro i nuclei atomici occorrerà attendere molti decenni.

A rendere la questione ancora più complessa era stata la scoperta di una forza totalmente nuova, che agiva solo nel mondo sub-atomico: l'interazione debole. Per molti anni nessuno aveva trovato una spiegazione per i decadimenti radioattivi di alcuni elementi instabili, che si trasformavano in elementi diversi producendo raggi beta, emettendo cioè elettroni. Fino a quando Enrico Fermi, allora un giovane fisico, non avanza la sua teoria: dietro il decadimento beta si nasconde una nuova interazione fondamentale. Ci è sfuggita finora solo perché è estremamente debole, centomila volte più debole di quella elettromagnetica, e il suo regno è minuscolo, perché è confinata nel mondo infinitesimo delle distanze nucleari. È troppo debole per riuscire a tenere assieme la materia, ma gioca un ruolo importante nel trasformarla, nel farla decadere.

Nel proporre la sua teoria rivoluzionaria, Fermi intravide una possibile analogia tra forza debole e forza elettromagnetica, aprendo così la strada alla terza grande unificazione delle forze, quella fra elettromagnetismo e forza debole, che sarà dimostrata nella seconda metà del Novecento. Quando, dopo un iniziale scetticismo, l'intera comunità scientifica prese molto sul serio la cosiddetta interazione di Fermi, i fisici si trovarono di fronte a una doppia sfida: cercare, da un lato, di capire la forza mostruosa che teneva assieme il nucleo, e dall'altro scoprire da dove nascesse questa seconda forza che ne faceva decadere alcuni componenti.

Ci vorranno quasi cinquant'anni per identificare le particelle responsabili di queste nuove interazioni. Per arrivare a questo risultato i fisici utilizzeranno dapprima i raggi cosmici e poi svilupperanno i potenti acceleratori di particelle che usiamo ancora oggi.

Solo nella seconda metà del Novecento sarà possibile capire davvero di cosa sono fatti gli atomi, e la dinamica della nuova forza che riesce a tenere assieme i nuclei, ma nel frattempo le sorprese non mancheranno. Perché si scoprirà che anche protoni e neutroni non sono particelle elementari, ma sono costituiti a loro volta da altri ingredienti, ancora più piccoli e molto stravaganti.

La forza irresistibile di Eros

"In principio e per primo venne a essere Cháos; / e dopo Gaia dall'ampio petto, casa perenne e sicura / di tutti gli dèi che abitano la cima nevosa dell'Olimpo, / e il buio Tartaro, nei baratri della terra dalle ampie contrade, / poi Eros, il più bello fra tutti gli immortali, / che rompe le membra e doma nel petto ogni volontà / e ogni saggio consiglio di tutti gli uomini e gli dèi" (Esiodo, *Teogonia*, vv. 113-119).

È molto suggestivo che in una delle prime grandi opere poetiche del mondo greco, la *Teogonia* di Esiodo, scritta attorno all'VIII secolo a.C., Eros compaia come una divinità primordiale. Il dio dell'amore precede non solo Zeus e gli dèi più conosciuti dell'Olimpo, ma addirittura la nera Notte, Urano il Cielo o l'immenso Oceano. Con la forza di Eros Esiodo spiega l'attrazione fra le varie divinità, la potenza dell'amore che produce fusione e mescolanza e genera nuove entità. Eros rappresenta qualcosa di irresistibile, che agisce a distanza e stravolge i destini degli umani e persino degli dèi.

Compiendo un salto di oltre duemila anni, si possono mettere in relazione questi versi con il famosissimo endecasillabo che chiude l'ultimo canto del *Paradiso* e con esso la *Divina Commedia*: "L'amor che move il sole e l'altre stelle".

Qui lo splendore del verso si coniuga con la precisione filosofica e teologica. Per descrivere il meccanismo materiale perfetto, eterno e immutabile che anima l'intero universo, questo sistema meraviglioso di sfere concentriche che Dante ha appena finito di ammirare, riuscendo addirittura a contemplare Dio, il Sommo Poeta lo chiama amore, qualcosa di radioso che emana dal primo motore immobile.

Nessuna teoria sviluppata dalla scienza moderna potrà competere per bellezza di forma con il rigore e lo splendore della poesia, ma è intrigante notare quanto questa idea dell'azione a distanza abbia avuto un impatto dirompente nella storia della fisica, da quando si è cercato di spiegare le interazioni fra corpi materiali.

Isaac Newton fu uno dei primi scienziati moderni a formulare una teoria delle forze che implicasse un'azione a distanza. Fino al 1687, anno in cui il grande studioso inglese pubblicò *Principia*, il suo libro più famoso, fra gli scienziati regnava il pregiudizio che per esercitare una forza occorresse un contatto fra due corpi: la mano che lancia il sasso, il cavallo che trascina il calesse, il peso che allunga la molla fissata al soffitto.

Analizzando il moto dei pianeti, e cercando di spiegare le leggi che ne governano le orbite, Newton giunse alla conclusione che fra i corpi celesti agisce una forza di attrazione che si sviluppa a distanza. È la famosa legge di gravitazione universale: una forza che cresce con il prodotto delle masse dei due corpi e diminuisce con il quadrato della loro distanza. Per la prima volta nella fisica entra in gioco un concetto che sembrava dovesse rimanere confinato nel mondo superstizioso dell'astrologia: i corpi celesti esercitano un'influenza sui fenomeni a grande distanza. Qualcuno sostiene che, in realtà, Newton riuscì a formulare la sua legge più famosa proprio perché era un convinto sostenitore dell'astrologia. Per paradosso, sarebbe riuscito a scoprire una legge fondamentale della fisica partendo da un pregiudizio totalmente irrazionale ed errato.

La scoperta di Newton è ancora più importante perché si tratta della prima unificazione di due forze naturali, che fino ad allora si ritenevano diverse e separate. L'aneddoto di fantasia della mela che gli cade sulla testa cela uno straordinario risultato scientifico: la forza che stacca il frutto dal ramo e lo fa precipitare al suolo ha la stessa origine della forza con cui la Terra trattiene la Luna nella sua orbita. Gravità terrestre e gravitazione celeste sono due modi diversi di vedere la stessa forza. Di più, con Newton si apre un nuovo capitolo foriero di ulteriori sviluppi. La sorgente di questa forza è la massa, la materia che compone un corpo ha una proprietà, è carica di attrazione gravitazionale, è capace di attrarre qualunque altro corpo dell'universo, interagisce con qualsiasi altra massa.

Questo approccio moderno ritornerà duecento anni dopo, verso la fine dell'Ottocento, quando gli scienziati cercheranno di capire i fenomeni elettrici e magnetici. Le leggi dell'elettromagnetismo che verranno sviluppate da Coulomb, Faraday, Maxwell e altri porteranno a una seconda grande unificazione delle forze. In questo caso si capirà che i fenomeni elettrici e magnetici, che si ritenevano dovuti a forze naturali indipendenti e separate, sono in realtà due diverse manifestazioni della stessa interazione: l'elettromagnetismo. Si chiamerà "carica elettrica" la sorgente di queste nuove forze che agiscono a distanza e si scoprirà che compare in natura in due specie distinte, per convenzione chiamate "positiva" e "negativa". Cariche dello stesso segno si respingono, mentre quando sono opposte si attraggono.

Per descrivere meglio gli effetti globali prodotti da cariche ferme o in movimento, si svilupperà il concetto di campo di forze, associando allo spazio nel suo complesso queste nuove proprietà. Si scoprirà infine che i campi elettromagnetici possono propagare oscillazioni. Risulterà relativamente semplice produrre onde e trasmetterle a distanza per comunicare e scoprire anche che la luce e i fenomeni ottici non sono altro che manifestazioni ulteriori di questa nuova interazione.

La formulazione delle leggi dell'elettromagnetismo ci conduce direttamente alla fisica moderna, perché sarà proprio interrogandosi su alcuni dei suoi paradossi che nasceranno relatività speciale e meccanica quantistica. Il mondo delle infinitesime distanze atomiche nelle quali si muovono gli elettroni che orbitano attorno al nucleo è il regno indiscusso di questo modo nuovo di guardare alla materia.

Per un elettrone muoversi a velocità prossime a quelle della luce è un gioco da ragazzi. Poiché è carico elettricamente, ci vuol poco per accelerarlo; basta tenerlo sotto vuoto e sottoporlo a un forte campo elettrico e subito schizza via a velocità formidabili. Su oggetti così minuscoli e leggeri le leggi della fisica che governano l'infinitamente piccolo producono comportamenti così diversi da quelli cui siamo abituati da apparirci a dir poco bizzarri. Lo stato di un sistema, lo spazio e il tempo, la massa e l'energia, tutto diventa stravagante nel mondo delle particelle atomiche o sub-atomiche.

L'idea principale della meccanica quantistica è che le particelle elementari non possono scambiarsi energia sotto forma di un flusso continuo, ma solo in pacchetti, piccole quantità discrete che chiamiamo *quanti*, termine che viene dal latino e che significa quantità. Per questo motivo gli elettroni possono ruotare tranquilli attorno ai nuclei, percorrendo le loro orbite circolari o giù di lì. Non possono emettere energia per radiazione, perché sarebbe al di sotto della soglia minima consentita, così rimangono in orbita senza fatica e la materia non si decompone. Sembra un dettaglio trascurabile, ma in realtà è proprio questo a spiegare la stabilità degli atomi e di buona parte della materia che compone l'universo.

Nel mito greco sono le frecce scagliate a distanza da Eros a produrre un'irresistibile attrazione fra gli umani come fra gli dèi. Nel mondo della fisica contemporanea sono i quanti a volare da un angolo all'altro dell'universo legando fra loro, indissolubilmente, particelle di tutte le specie.

Il regno delle più timide e schive fra le particelle

A ogni forza è associata una particella che la trasporta, il *quanto* dell'interazione. Nel caso dell'elettromagnetismo è il *fotone*, la particella di luce. L'azione di una forza è spiegata in un modo assolutamente nuovo. Per esempio, la repulsione elastica fra due elettroni, che si respingono perché hanno entrambi carica negativa, viene descritta così: uno dei due emette un fotone e viene deviato da una parte, l'altro assorbe il fotone e viene deviato dalla parte opposta. A causa dell'interazione i due elettroni si allontanano l'uno dall'altro.

Tutto torna anche se, evidentemente, abbiamo violato uno dei principi fondamentali della fisica: la conservazione dell'energia. Il fotone emesso trasporta una certa quantità di energia e, mentre viaggia verso l'elettrone che lo assorbirà, il sistema conterrà, per un certo intervallo di tempo, più energia di quella iniziale. In meccanica classica ciò non sarebbe possibile, ma la meccanica quantistica segue leggi diverse e contempla questa violazione, purché avvenga per un tempo molto limitato, regolato dal principio di indeterminazione.

La legge ferrea che governa il mondo dei quanti fu esposta dal fisico tedesco Werner Heisenberg in un articolo del 1927 e da allora nessuno è mai riuscito a trovare un processo che la violasse. È diventato una sorta di assioma della meccanica quantistica, intimamente connesso alla continua fluttuazione degli stati quantici che caratterizzano il mondo delle piccole dimensioni. Nel caso specifico, il principio di indeterminazione ci dice che tanto più grande è l'energia trasportata, tanto più grave, cioè, la violazione della conservazione dell'energia, tanto più breve deve essere l'intervallo di tempo in cui questo avviene. Ne deriva una relazione stretta fra raggio d'azione della forza e massa del quanto che la trasporta.

Poiché nessun quanto di forza può portare meno energia di quella corrispondente alla sua massa, ecco che tramite il fotone, a massa nulla, l'interazione elettromagnetica può propagarsi all'infinito. Qualunque particella carica interagisce con tutte le altre particelle cariche dell'intero universo, ovunque siano distribuite.

Usando argomenti simili per l'interazione debole risultava, al contrario, che il quanto di questa interazione, i cui effetti sono confinati alle distanze sub-nucleari, doveva essere estremamente massiccio. A metà degli anni sessanta, quando venne enunciata una teoria coerente dell'interazione debole, risultò che i portatori di questa interazione, chiamati W e Z, dovevano avere delle masse spropositate, rispettivamente pari a 80 e 90 volte quella di un atomo di idrogeno.

Per questo la forza debole muore ben prima di aver raggiunto i confini del nucleo atomico. Rimanendo costretta in dimensioni così minuscole, non stupisce che l'umanità abbia impiegato millenni prima di accorgersi della sua esistenza.

Grazie allo sviluppo dei grandi acceleratori di particelle fu possibile ricostruire cosa avveniva all'interno dei nuclei. L'idea che dovesse esistere una forza "forte", almeno cento volte più violenta di quella elettromagnetica, era stata messa a punto da tempo. Fra i primi a proporla troviamo ancora Heisenberg ed Ettore Majorana, il brillantissimo giovane collaboratore di Enrico Fermi, ma la vera risposta poteva venire solo dagli esperimenti. Per sondare le distanze sub-nucleari e riuscire a "vedere" realmente cosa succedeva dentro i nuclei c'era bisogno degli acceleratori di particelle.

Gli elettroni sono così leggeri che accelerarli a velocità indistinguibili da quelle della luce risulta piuttosto semplice. Il trucco è usare campi elettrici positivi e farli correre nel vuoto più spinto per evitare qualunque tipo di collisione, che farebbe perdere loro energia. La soluzione più efficiente è usare macchine a forma di ciambella, nelle quali gli elettroni si muovono su orbite circolari. In questo modo possono attraversare più volte la stessa regione di accelerazione e guadagnare energia a ogni passaggio. Campi magnetici opportuni sono usati per deviare le loro traiettorie e costringerli a mantenere orbite circolari, per poi estrarli e portarli a scontrarsi con il bersaglio. Tutto attorno si installano sensori capaci di rivelare il tipo di particelle che escono dalla collisione e le loro caratteristiche.

Il segreto è sfruttare la crescita relativistica della massa: più ci si avvicina alla velocità della luce, più l'accelerazione subita dall'elettrone fa crescere marginalmente la sua velocità e aumenta invece la sua massa. È un altro degli effetti della relatività speciale. L'energia ceduta all'elettrone dal campo elettromagnetico non riesce più a far crescere la velocità, perché *c* resta un valore limite e va quindi ad aumentare la massa dell'oggetto.

Elettroni molto energetici, che viaggiano a velocità prossime a quelle della luce, sono capaci di penetrare agevolmente nel nucleo. È quello che si riuscì a fare a partire dagli anni sessanta del secolo scorso e da allora è diventato possibile capirne in dettaglio la struttura. Com'era già successo con Rutherford, studiando la distribuzione angolare degli elettroni che emergevano dalla collisione si scoprì che la massa di protoni o neutroni non era uniformemente distribuita in tutto il volume, ma si concentrava in pochi punti. Insomma, anche protoni e neutroni erano formati da altre particelle elementari, che si comportavano in un modo così bizzarro da meritare l'altrettanto bizzarro nome di *quark*.

Grazie alle ricerche effettuate nella seconda metà del Novecento, si identificarono le caratteristiche dei quark e si comprese in tutti i dettagli il comportamento della forza forte e di quella debole con la quale essi interagivano fra loro.

I quark hanno carica elettrica frazionaria, 1/3 o 2/3, e sono anche dotati di *carica forte* e di *carica debole*. Sono le uniche particelle capaci di interagire fra loro mediante tutte le forze della natura. La forza forte è portata dai *gluoni*, la cui traduzione letterale sarebbe "colloni", dall'inglese *glue*, colla, per indicare le particelle capaci di legare assieme i quark. Scambiandosi gluoni, i quark subiscono un'attrazione violenta in grado di vincere qualunque repulsione elettrostatica.

Dentro il protone i quark saltellano qua e là come scriccioli leggerissimi, che volano istantaneamente da un punto all'altro del piccolo volume. Sono agili come gatti selvatici impazziti, per quanto invischiati nella fortissima colla con la quale giocano a rimpiattino.

La forza forte ha caratteristiche molto particolari. I gluoni hanno massa nulla e sono elettricamente neutri, ma sono anch'essi dotati di carica forte, possono cioè interagire anche con gli altri gluoni, e addirittura con se stessi, rendendo tutto parecchio complicato. Avendo massa nulla, come i fotoni, il loro raggio d'azione sarebbe in teoria infinito, ma, a differenza dei quanti dell'elettromagnetismo, i gluoni emessi da un quark si legano fortemente con tutto quello che li circonda, purché abbia carica forte. Ne deriva un comportamento molto diverso dal solito. Con l'elettromagnetismo la distanza fra due cariche riduce la forza con cui si attraggono o si respingono. Con la forza forte succede il contrario: all'aumentare della distanza fra i due quark la forza forte aumenta, come succederebbe se fra loro agisse una molla estremamente robusta.

Per questo motivo i quark non possono vivere da soli, ma devono essere sempre legati ad altri quark. Quando si prova a separarli, il campo della forza forte si concentra in una specie di tubo che si allunga nel cercare di mantenere il legame a ogni costo. L'energia del campo aumenta via via che cresce la distanza e, quando la situazione diventa insostenibile e il legame si frantuma, l'energia che si libera si trasforma in altri quark, che si legano a quelli che si volevano liberare. In conclusione, il raggio d'azione della forza forte non supera 10^{-15} m, le dimensioni di un protone.

I quark, componenti elementari della materia, si comportano come se fossero estremamente schivi, particelle timidissime, che non accettano, per nessun motivo, di essere viste *nude*. Quando si riesce a frantumare un protone, infatti, non si vedono mai quark liberi emergere dalla collisione; non appena hanno rotto i legami con gli altri quark che componevano il protone, si sono immediatamente *rivestiti*. Il campo forte, perturbato dalla collisione, ha generato nuovi quark che si sono legati ai precedenti e hanno ricostituito altre particelle.

L'eventualità che quark e gluoni possano avere a loro volta una struttura interna è una questione ancora aperta. Tuttavia, gli studi sinora effettuati sembrano indicare che si tratti di particelle puntiformi. Le loro dimensioni risultano inferiori a 10^{-19} m.

Cinque piccoli fenomeni

La struttura più intima della materia può essere descritta in modo piuttosto semplice grazie a una suddivisione dei ruoli tra le forze fondamentali. La gravità, ossia la forza che domina la materia su vasta scala, quella che tiene assieme stelle, pianeti e grandi galassie, è così debole che, quando si calcola il suo valore nel caso di oggetti microscopici, risulta del tutto irrilevante. Si può descrivere quello che succede all'interno degli atomi o dei loro nuclei trascurando completamente l'attrazione gravitazionale.

Atomi e molecole sono tenuti assieme e si combinano fra loro soprattutto grazie all'interazione elettromagnetica. La forza nucleare ha un raggio d'azione troppo piccolo per giocare un ruolo su oggetti di queste dimensioni. I nuclei e i loro componenti, protoni e neutroni, sono invece tenuti assieme dalla forza forte emanata dai quark che li compongono.

Questa organizzazione gerarchica della materia ci permette di ottenere informazioni importanti sui corpi che ci circondano, anche trascurando molti dettagli della loro struttura interna. Per esempio, come i quark risultano irrilevanti per capire la struttura tridimensionale di un virus, così gli atomi sono una distrazione inutile se si deve calcolare con quale angolo e a quale velocità occorre lanciare il pallone da basket per fare canestro.

La materia ordinaria, sul piano microscopico, è fatta di

pochissimi componenti elementari. Tre particelle di materia – l'elettrone e i due quark più leggeri, *up* e *down* – e due particelle che portano le forze: il fotone, che trasporta la forza elettromagnetica e agisce su tutte e tre le particelle di materia, e il gluone, che trasmette la forza forte e interagisce con i quark, dotati di carica forte, mentre ignora gli elettroni che invece ne sono privi.

Come si vede, con pochissimi ingredienti siamo già in grado di spiegare un'enorme quantità di strutture materiali. Combinando assieme due *quark up*, ciascuno di carica +2/3, e un *down*, che ha carica –1/3, otteniamo un protone, che ha carica +1. Se invece si combinano assieme due quark down e un up viene fuori un neutrone, che ha carica nulla. I quark che compongono neutroni e protoni si scambiano continuamente gluoni, e l'attrazione che ne deriva supera di gran lunga la repulsione elettrostatica fra quark dello stesso segno.

Le dimensioni di protoni e neutroni, 10^{-15} m, sono enormi rispetto a quelle dei quark, che sono almeno diecimila volte più piccoli. Insomma, la storia sembra ripetersi: anche i componenti dei nuclei atomici, all'apparenza così compatti, risultano composti soprattutto di vuoto, ma è un vuoto intriso di forza forte, di gran lunga la più potente di tutte le colle. I tre minuscoli quark si muovono continuamente in un mare tempestoso di gluoni.

La forza forte tra quark e gluoni è così intensa che, quando protoni o neutroni sono molto vicini, basta un piccolo refolo della tempesta che ruggisce al loro interno per tenerli strettamente incollati fra loro. Quello che tiene assieme i nuclei è un residuo marginale della forza forte che tiene attaccati fra loro i quark e i gluoni.

Protoni e neutroni localizzati all'interno di un nucleo si muovono incessantemente, vibrano e oscillano di continuo, e questa agitazione riduce fortemente il grado di coesione dei nuclei, soprattutto di quelli più pesanti. Il comportamento della materia nucleare, nonostante l'enorme intensità delle forze coinvolte, somiglia per certi versi a un liquido ad alta densità. E, come tutti i fluidi, anche la materia nucleare risulta molto difficile da comprimere ulteriormente.

Combinate fra loro protoni e neutroni e avrete i nuclei dei vari elementi, fate orbitare attorno a questi nuclei nuvole di elettroni distribuite in gusci, gli *orbitali*, e avrete i corrispondenti atomi, tenuti assieme dalla forza elettromagnetica. Atomi che condividono elettroni nei loro gusci più esterni si uniscono a formare molecole, aggregati di atomi tenuti assieme dalla forza elettromagnetica. Basta una piccola sbavatura della forza che tiene assieme atomi e molecole per avere deboli interazioni elettromagnetiche fra di loro, come le forze di van der Waals.

Si sente dire spesso che la scienza moderna ha confermato ciò che era già stato intuito dai grandi sapienti greci: Leucippo, Democrito ed Epicuro. Per quanto l'affermazione contenga una qualche verità, è importante sottolineare le differenze di fondo tra l'atomismo classico e le particelle elementari della fisica contemporanea.

Anzitutto, fra i componenti del nostro Modello Standard giocano un ruolo decisivo le particelle che trasportano le forze e che risolvono in maniera sorprendente il problema dell'aggregazione fra gli "atomi" sul quale si sono scervellati filosofi e scienziati per millenni.

Quanto poi a proprietà e comportamento delle particelle elementari e, come vedremo, anche del vuoto nel quale si propagano, è tutt'altra storia, talmente bizzarra e innovativa che neppure le menti più fantasiose tra i grandi pensatori dell'antichità avrebbero mai potuto immaginarla.

È quanto scopriremo nei prossimi capitoli.

4.
Nuvole, materia soffice e gli ultimi sciamani

Il Kunsthistorisches Museum di Vienna conserva moltissimi capolavori. Il grande palazzo vicino alla Hofburg, la reggia degli Asburgo, ospita una collezione di opere meravigliose di Raffaello, Tiziano, Rembrandt, Vermeer e via dicendo. Quando c'è una tale abbondanza di bellezza si corre sempre il rischio di trascurare lavori altrettanto mirabili, che sono semplicemente esposti in angoli più appartati. *Giove e Io*, un dipinto a olio su tela di Correggio, si trova in un lungo corridoio laterale del museo, fuori dal percorso delle grandi sale, ma nessun visitatore quando passa davanti al quadro rimane insensibile. Si fermano tutti, grandi e piccini, perché il soggetto è troppo intrigante ed è realizzato con incredibile maestria.

Come succedeva spesso nel Cinquecento – il caso più noto è quello di Michelangelo Merisi, detto Caravaggio –, anche Antonio Allegri veniva indicato dai contemporanei con il nome della cittadina in cui era nato, Correggio, nei pressi di Reggio Emilia. Il pittore si era fatto una discreta fama in tutta la regione per le soluzioni escogitate nell'affrescare la cupola della chiesa di San Giovanni Evangelista a Parma. L'*Ascensione di Cristo fra gli apostoli* provocò stupore e ammirazione. La rappresentazione delle nuvole era una delle sfide maggiori per i pittori dell'epoca e Correggio l'aveva risolta con inedita maestria. Apostoli e angeli, che fanno da corona alla figura del Cristo trionfante, si posano con leggerezza su lembi di nuvole trasparenti, attraversati da bagliori di luce.

Il successo dell'opera gli aveva fatto guadagnare un'altra committenza di rilievo per il Duomo di Parma, ma soprattutto gli aveva aperto le porte di Mantova. Federico II l'aveva invitato a lavorare alla corte dei Gonzaga, una delle residenze più ambite dagli artisti dell'epoca.

Era stata la madre di Federico, l'autorevole Isabella d'Este, figura femminile fra le più importanti del Rinascimento, a trasformare Mantova in una capitale dell'arte e della bellezza. Aveva chiamato alla sua corte Raffaello, Mantegna, Tiziano e Leonardo da Vinci. Proprio quest'ultimo aveva realizzato un meraviglioso ritratto della marchesa. Il disegno a carboncino, ocra rossa e pastello giallo, oggi al Louvre, è uno dei cartoni più belli che siano mai stati realizzati.

Per Correggio essere chiamato a Mantova significava fare il grande salto, entrare a far parte della schiera dei pittori più importanti. Federico II gli chiese di dipingere gli amori di Giove, prendendo spunto dall'opera più famosa di Ovidio, le *Metamorfosi*.

Nel quadro esposto a Vienna, Correggio rappresenta l'amore del re degli dèi per Io. Il mito racconta di questa bellissima sacerdotessa di Giunone, della quale, come al solito, Giove si invaghì perdutamente. Per sfuggire al controllo della temibile consorte, il signore dell'Olimpo fece calare la nebbia nel boschetto dove si trovava la giovane e, protetto dalla caligine, poté unirsi a lei.

Correggio scelse di interpretare la nebbia del poema di Ovidio come trasformazione di Giove in nube e realizzò quest'opera incredibile, che rappresenta l'amplesso magico e impalpabile di una bellissima vergine con una nuvola scura. Giove è vagamente tratteggiato: un volto di amante dolcissimo che si unisce all'amata, la quale lo accoglie con le labbra socchiuse, mentre il suo possente braccio destro la cinge ai fianchi. L'abbandono del corpo bianco e sinuoso di Io, rappresentata di schiena, all'abbraccio della nuvola è totale, completo. Un'ellisse unisce il braccio sinistro e il piede destro della giovane, che si avvolgono attorno al più potente fra gli dèi, divenuto qualcosa di soffice, capace di insinuarsi ovunque.

Giove e Io è una delle ultime opere di Correggio, un capolavoro di bellezza che rivela l'incredibile padronanza del mezzo pittorico da parte dell'artista emiliano. L'abbandono erotico della giovane sacerdotessa al suo amante, insieme potente e impalpabile, sarà destinato a rimanere per sempre nell'immaginario collettivo.

Stati della materia

Perché noi mortali non possiamo trasformarci in nuvola? Se potessimo diventare di colpo qualcosa di rarefatto e sottile, si aprirebbero infinite possibilità. Non solo quella di ripetere gli exploit di Giove, vale a dire insinuarsi, non visti, nelle dimore degli amanti e da lì scomparire in un battibaleno, in caso di pericolo. Sicuramente sarebbe più complicato evitare i furti, e la protezione dei preziosi conservati nei caveau delle banche diventerebbe un grosso problema. Ma se avessimo questo super-potere lo potremmo usare anche per scopi più nobili: evitare di farsi del male, per esempio, quando si ruzzola dalle scale o si precipita da un'impalcatura. O per sopravvivere a un incidente d'auto o alla caduta di un aereo.

Purtroppo non ci è consentito, perché il nostro corpo ha una consistenza materiale che ci dà la possibilità di sfiorare il petalo di una rosa o carezzare la guancia di un bambino, ma non di attraversare un muro.

Come tutto quello che ci circonda, anche noi siamo fatti in larga parte di vuoto. Il volume occupato da quark, gluoni ed elettroni che compongono il nostro corpo è irrisorio. I raggi x di un esame radiografico ci attraversano da parte a parte e così anche altre forme di radiazione meno conosciute, come i raggi cosmici. Ma attorno ai nuclei ci sono le nuvole di elettroni che circondano gli atomi e si raggruppano fra loro a formare le molecole. Quando tocchiamo un qualunque oggetto materiale, il cosiddetto contatto non è altro che la repulsione fra gusci elettronici esterni, nei quali circolano cariche dello stesso segno, che quindi si respingono. Come se non bastasse, ci sono ulteriori regole – le vedremo più avanti – che impediscono agli elettroni di occupare le stesse posizioni.

Ma allora si potrebbe immaginare di cambiare la struttura, operare una trasformazione di stato in maniera da rendere meno ingombrante questa nostra costituzione interna. Un gas sottile e altamente penetrante, per esempio l'elio usato per gonfiare i palloncini dei bambini, può attraversare senza fatica pareti di acciaio a tenuta stagna. Le sue minuscole molecole riescono a insinuarsi in ogni minimo pertugio lasciato libero dalla struttura cristallina. Purtroppo, anche in questo caso scopriremo che per noi non ci sono scorciatoie.

Cerchiamo di capire meglio la faccenda partendo dai diversi stati della materia ordinaria, convenzionalmente indicati come solidi, liquidi e gas. Per il momento mettiamo da parte forme materiali come i plasmi che, sebbene giochino un ruolo fondamentale nella struttura dell'universo, compaiono solo occasionalmente nelle nostre esperienze quotidiane.

Per capire bene come si organizza la materia ordinaria, conviene utilizzare l'energia di legame. Il concetto nasce dalla considerazione secondo la quale, quando due corpi materiali sono legati fra loro, per liberarli da questa condizione bisogna impiegare energia. Il principio ha un carattere generale e vale per sistemi molto diversi fra loro: per esempio, per i protoni confinati all'interno di un nucleo, per i due atomi di idrogeno legati con l'ossigeno in una molecola d'acqua o per un satellite per telecomunicazioni che orbita attorno alla Terra e sta trasmettendo la finale dei Mondiali di calcio.

In ciascuno di questi casi, per liberare i due componenti di un sistema dalla forza di attrazione che li tiene legati, bisogna spendere energia. Per esempio, se volessimo liberare il satellite che orbita attorno alla Terra dalla forza di attrazione gravitazionale che lo tiene legato al nostro pianeta, dovremmo dotarlo di un potente motore a razzo. Accendendolo, il satellite aumenterebbe la sua velocità e potrebbe allontanarsi dall'orbita prestabilita. Se avesse carburante a sufficienza, potrebbe raggiungere addirittura la sua velocità di fuga, cioè la velocità che gli consentirebbe di sfuggire completamente all'attrazione terrestre, viaggiando nello spazio più profondo. Per ogni sistema legato si può calcolare l'energia necessaria per rendere i due componenti del sistema completamente liberi: questa energia corrisponde all'energia di legame del sistema.

Le unità più convenienti per misurare l'energia di sistemi microscopici sono i multipli di elettronvolt, eV. Un elettronvolt è definito come l'energia cinetica acquistata da un elettrone che, partito da fermo, venisse accelerato nel vuoto da una differenza di potenziale di 1 Volt. Si tratta di una quantità di energia minuscola, per cui risulta conveniente usare i suoi multipli: 1 KeV, mille eV o kilo-elettronvolt, cioè 10^3 eV; 1 MeV, un milione di eV o mega-elettronvolt, cioè 10^6 eV; 1 GeV, un miliardo di eV o giga-elettronvolt, cioè 10^9 eV; 1 TeV, mille miliardi di eV o tera-elettronvolt, cioè 10^{12} eV.

Anche nel caso dei multipli più impressionanti, stiamo parlando sempre di energie trascurabili rispetto a quelle che caratterizzano il mondo macroscopico. Per esempio, i protoni che circolano in questo momento in Lhc (il Large Hadron Collider, il più grande e potente acceleratore di particelle), al Cern, hanno un'energia di 6,8 TeV. Sono le particelle più energetiche che siamo riusciti a produrre con il più avanzato dei nostri acceleratori, ma la loro energia corrisponde a quella di una fastidiosa zanzara che in una sera d'estate ha scelto il nostro collo per pungerci: a malapena percettibile.

Usando i multipli di eV è facile descrivere le energie di legame dei diversi sistemi. Per esempio, l'energia che tiene assieme due atomi che formano una molecola ha valori tipici di qualche eV. Quella che trattiene gli elettroni e li costringe a orbitare attorno al nucleo varia da qualche eV, per gli elettroni più debolmente legati dei gusci esterni, a circa 10 KeV per quelli dei gusci più interni.

Quando si passa dai legami elettromagnetici a quelli prodotti dalla forza forte c'è un brusco salto. L'energia di legame di un singolo protone o neutrone in un nucleo è circa un milione di volte più elevata di quella che trattiene uno degli elettroni più esterni. Quella fra protoni e neutroni di un nucleo atomico si misura in MeV, mentre ci vuole 1 GeV, quindi un'energia mille volte superiore, per frantumare un protone e liberare qualcuno dei quark e gluoni che lo compongono.

A uno stato legato corrisponde sempre un'energia totale inferiore a quella dei suoi componenti liberi, perché una parte dell'energia del sistema viene utilizzata per tenerli assieme. Poiché vale $E=mc^2$, l'equivalenza fra energia e massa scoperta da Einstein, questa differenza si può ritrovare come differenza di massa. Massa ed energia, grandezze equivalenti, si possono misurare entrambe in eV, mediante i suoi multipli.

Così, se prendiamo un protone e un neutrone liberi, la loro massa totale è superiore a quella del nucleo di deuterio, una specie di idrogeno pesante, che ha il nucleo formato da un protone e un neutrone legati assieme dalla forza forte. La differenza di massa è di circa 2 MeV, che è appunto l'energia del legame protone-neutrone. Se vogliamo rompere un nucleo di deuterio, e tornare ad avere un protone e un neutrone liberi, bisogna fornirgli poco più di 2 MeV di energia. L'energia di legame di un sistema risulta sempre negativa, è la caratteristica dello stato legato: per demolire la cella della prigione nella quale sono rinchiusi protone e neutrone bisogna usare energia.

Quando i sistemi sono tenuti assieme da energie di legame molto piccole, questa differenza di massa diventa poco significativa. È il caso dei legami chimici, quelli che si instaurano fra atomi a formare molecole o strutture cristalline, o fra molecole che interagiscono fra loro. Sono dovuti a forze di natura elettromagnetica e le relative energie di legame possono variare da qualche decina di eV giù giù fino a una piccola frazione di elettronvolt. Quando i legami sono così deboli, si possono rompere facilmente anche solo riscaldando il sistema, cioè fornendo energia sotto forma di calore.

Il calore che si scambiano due corpi è collegato all'energia cinetica di atomi e molecole che lo compongono. A seconda dei casi, questi costituenti possono muoversi liberamente oppure vibrare e oscillare attorno alle loro posizioni di equilibrio. Messi a contatto con un corpo più caldo, i cui componenti hanno cioè un'energia cinetica media più elevata, ricevono energia sotto forma di urti meccanici, con il risultato che il corpo più freddo si riscalda e quello più caldo si raffredda, fino a raggiungere un nuovo equilibrio. Tramite riscaldamento si può cedere energia ai sistemi di molecole o atomi fino al punto di rompere i legami interni fra di loro. In queste condizioni si assiste a quello che si chiama passaggio di stato. La stessa sostanza, senza cambiare natura chimica, assume una costituzione interna differente.

Sulla base di questo meccanismo possiamo distinguere i tre tradizionali stati della materia: solido, liquido e aeriforme o gassoso. Il cubetto di ghiaccio nella spremuta d'arancia, la pentola d'acqua per la pasta che comincia a bollire, il brodo di carne avanzato che viene messo nel congelatore per essere riutilizzato in seguito, magari per preparare un buon risotto, sono tutte esperienze di cambiamento di stato che fanno parte della nostra vita quotidiana.

L'acqua è un esempio, noto a tutti, di una sostanza che si può presentare in tre stati completamente diversi, a seconda delle sue condizioni di pressione e temperatura. Per semplicità, supponiamo che la pressione rimanga sempre costante e ricordiamo che, per un determinato stato del corpo, la sua temperatura è collegata all'energia media dei suoi componenti, atomi e molecole.

Riscaldando un cubetto di ghiaccio, i legami fra le molecole d'acqua, che hanno prodotto il gelido cristallo, vengono rotti e le molecole scivolano l'una sull'altra, interagendo debolmente con quelle che le circondano. Allo stato liquido l'acqua diventa un fluido, capace di cambiare forma e adattarsi a qualunque recipiente. Al crescere della temperatura, quando i legami residui fra molecole vengono rotti, esse possono muoversi liberamente, urtandosi fra loro di tanto in tanto, nell'intero volume occupato dal vapore, che è aumentato enormemente. Invertendo il flusso di calore, cioè estraendo calore dal vapore acqueo, è possibile produrre le trasformazioni in senso inverso, facendolo prima condensare in una forma liquida, che si potrà poi congelare a formare un blocco solido di ghiaccio.

Ma il vapore acqueo è proprio la nuvola nella quale si trasforma Giove per dare sfogo alla sua passione per Io. Perché noi non possiamo fare lo stesso? Perché non possiamo entrare in una sauna caldissima e uscirne sotto forma di impalpabile vapore?

Lo strano mondo dei materiali soffici

Il corpo di cui siamo fatti appartiene a una categoria di sistemi materiali non facilmente riconducibili alle tre categorie convenzionali dei solidi, liquidi e gas. Come tutti i sistemi biologici, il nostro corpo è un organismo molto complesso e altamente composito. È formato da un'impalcatura robusta, le ossa dello scheletro, che sorreggono un insieme eterogeneo di tessuti molli, intrisi di liquidi e ad alto contenuto di acqua, le cui funzioni sono gestite da un sistema nervoso centrale.

Il materiale biologico soffice di cui siamo fatti presenta molti vantaggi. Pensiamo solo alle mani e ai polpastrelli delle nostre dita, grazie ai quali possiamo carezzare il viso di un neonato, sfiorare i tasti del pianoforte, modellare una statua in creta o apprezzare la levigatezza di una porcellana. Nell'uso sapiente delle mani si nascondono i segreti dei lavori artistici più raffinati, le esecuzioni musicali più emozionanti, le miniature più preziose, i gioielli più raffinati, le opere di pittura più sofisticate. Avere corpi fatti di materiali molli, articolazioni elastiche e strutture materiali flessibili ci permette di correre o danzare, rende piacevole abbracciarci o coccolare i nostri piccoli. In virtù di questa caratteristica abbiamo sviluppato un'estrema sensibilità al tatto. I nostri polpastrelli sono capaci di identificare la minima rugosità di una superficie e di riconoscere un'enorme quantità di materiali, anche senza l'ausilio della vista o dell'olfatto.

L'uso delle mani ha giocato un ruolo fondamentale nell'evoluzione umana da quando, qualche milione di anni fa, un nostro lontano progenitore ha adottato la postura eretta. Una volta bipedi, i nostri arti anteriori, finalmente liberati dalla costrizione della locomozione, hanno assunto funzioni sempre più importanti: le mani sono diventate lo strumento per raccogliere cibo e portarlo alla bocca e per costruire utensili sempre più complessi così come l'apparato orale, liberato dall'incombenza di afferrare, strappare, raccogliere il cibo, ha finito per concentrarsi su un'altra attività, altrettanto fondamentale per la sopravvivenza del gruppo sociale: articolare suoni e costruire un linguaggio.

Si tratta di una svolta cruciale della nostra evoluzione, che ha messo in moto altri eventi decisivi. La sensibilità e la versatilità delle mani, assieme allo sviluppo del linguaggio, hanno dato impulso al nostro sviluppo neuropsichico. L'encefalo non è solamente cresciuto di volume, la sua struttura interna e le sue funzionalità sono diventate sempre più sofisticate. Non è un caso che, ancora oggi, la porzione di cervello che si occupa di gestire dita, mani, labbra e lingua è circa la metà della corteccia motoria totale, quella che presiede a tutti i nostri movimenti.

Con le mani siamo riusciti a produrre strumenti sempre più versatili, che hanno aumentato le nostre chance di sopravvivenza. Per migliaia di generazioni abbiamo usato le mani per accarezzarci, per consolarci, per accudire i più deboli, per cercare conforto reciproco, per grattarci o spulciarci a vicenda. La mano, in origine una sorta di rozza pinza per afferrare pietre, è diventata strumento di coesione sociale e nel contempo emblema della capacità creativa dell'immaginazione umana: tutte attività fondamentali per costruire società e cementare il gruppo.

Non a caso, fra i primi soggetti di rappresentazioni artistiche si trovano spesso le mani. Sono centinaia le impronte colorate che decorano le pareti di caverne abitate dai nostri antenati. Sono realizzate in negativo, con pigmenti soffiati e sputati da giovani del gruppo, spesso ragazze, che lasciavano sulle pareti qualcosa di sé, un segno inanimato ma destinato a durare nel tempo, come testimonianza della loro esistenza.

I polpastrelli, con i loro pattern caratteristici di sottili scanalature, le impronte digitali, variano talmente da essere umano a essere umano da diventare una specie di documento d'identità individuale. La cute sottostante è così disseminata di terminazioni nervose da costituire una sorta di potentissimo sensore universale. Una struttura sofisticata e meravigliosa che può competere, per le sue potenzialità, con i prodigi realizzati dalla natura in altre specie, come nel caso delle dita del geco. Le zampette del piccolo rettile, ricoperte da milioni di minuscoli peli, sono in grado di sfruttare la debole attrazione delle forze di van der Waals fra molecole; in questo modo l'animaletto può muoversi con agilità su qualunque parete verticale e addirittura rimanere attaccato al soffitto a testa in giù.

Purtroppo, però, i materiali soffici che compongono i corpi dei viventi, così versatili ed efficienti, sono intrinsecamente fragili. Basta un nonnulla a produrre ferite e lacerazioni e sono estremamente sensibili al calore. Se immergessimo le dita nell'acqua bollente o, peggio ancora, venissimo a contatto con una fiamma riporteremmo ustioni molto gravi. Tutto questo ha a che fare con proprietà generali dei materiali soffici, che hanno un comportamento, per certi versi intermedio, tra quelli di un liquido e quelli di un solido.

Per capire come funzionano, si può fare riferimento a sostanze soffici molto comuni, come il burro, la maionese o il dentifricio. Sono tutti materiali che possono essere deformati con facilità o addirittura spalmati. Sono miscugli di due o più componenti eterogenei e non solubili fra loro. Nel caso del burro si tratta di grasso animale e acqua; la maionese, invece, è ottenuta mescolando il tuorlo dell'uovo a olio e succo di limone, incorporando nello stesso tempo anche molte bollicine di aria che la rendono morbida.

Tutti questi materiali sono molto sensibili al calore. Sottoposti a riscaldamento eccessivo, cambiano di stato in maniera irreversibile, carbonizzano e si sbriciolano. È quello che succede all'uovo quando lo mettiamo in padella. A temperatura ambiente l'albume si presenta come un liquido viscido e trasparente, costituito da acqua nella quale sono disperse proteine. Accendendo il fornello, il calore porta le proteine a legarsi fra loro e a formare così una rete elastica opaca dal tipico colore bianco. Tutte queste trasformazioni sono irreversibili: nessuno è mai riuscito a riportare a tuorlo e albume un uovo fritto messo in frigorifero.

Questa caratteristica, che rende irreversibili i passaggi di stato per i tessuti biologici, è collegata alla complessità della materia vivente. La geniale organizzazione che consente alla materia di prendere contatto con il mondo circostante, ricavarne nutrimento per crescere, riprodursi e colonizzare nuovi ambienti, risulta talmente complessa che è inevitabilmente destinata a degradarsi con il tempo. La morte di ogni specie vivente non è altro che un processo ineluttabile di ossidazione e semplificazione delle strutture biologiche.

Questo stesso processo non coinvolge la materia inanimata o, quantomeno, questo è il pregiudizio a cui noi, scimmie antropomorfe, abbiamo a lungo creduto. Abitiamo la Terra da troppo poco tempo e nessuno di noi, o dei nostri più lontani antenati, è mai stato testimone di catastrofi cosmiche capaci di distruggere un intero pianeta o stelle grandi come il Sole. Nessuno ha visto da vicino una stella morente espandersi fino a inglobare i pianeti che le orbitano attorno e vaporizzarli in un istante.

Solo da pochi anni astronomi e astrofisici hanno costruito strumenti capaci di mostrarci il lato oscuro del cosmo. Da allora si sono osservati enormi buchi neri che inghiottono interi sistemi solari, stelle di neutroni che collidono fra loro, getti relativistici di materia che sconquassano intere galassie. Ma è passato troppo poco tempo. Questa conoscenza non è ancora diventata senso comune ed è tuttora molto diffuso il pregiudizio della persistenza delle grandi strutture materiali del cosmo, un pregiudizio che ha accompagnato l'umanità per millenni.

La vita quasi eterna delle grandi strutture materiali

La vita di un pianeta, un sistema solare, una galassia, si misura in miliardi di anni. Questa scala temporale è talmente abnorme rispetto a quelle per noi abituali che facciamo fatica a figurarcela. Il segreto di esistenze così spropositate si nasconde nella struttura dei nuclei atomici dei materiali che le compongono e nell'evoluzione della temperatura dell'universo nel tempo.

I nuclei di idrogeno ed elio che formano le stelle e i grandi pianeti gassosi come Giove, o quelli degli elementi più pesanti fino all'uranio, che compongono i pianeti rocciosi come la Terra, sono fatti di protoni e neutroni, e la loro incredibile resilienza nasce dalla struttura robusta di queste minuscole particelle.

Entrambi sono fatti di quark up e down tenuti assieme da gluoni, ma con una piccola differenza: il protone è carico mentre il neutrone è neutro, e la massa del protone è leggermente inferiore a quella del neutrone. Questa caratteristica ha una conseguenza importante per la stabilità delle grandi strutture materiali: i protoni non possono decadere in neutroni ed elettroni perché questo decadimento violerebbe la conservazione dell'energia. Altri decadimenti, in teoria possibili, non sono mai stati registrati. Insomma, per quello che ne sappiamo oggi, i protoni sono condannati a vivere in eterno, o quantomeno per un tempo che supererebbe di molti ordini di grandezza l'attuale età dell'universo.

I protoni formatisi nei primi minuti dopo il Big Bang hanno potuto vagare liberi per centinaia di milioni di anni prima di aggregarsi a costituire le prime stelle, che a loro volta si sono raggruppate nelle prime galassie miliardi di anni dopo. Quell'immensa popolazione primigenia di protoni vive ancora qua, tutt'attorno a noi, ad alimentare la miriade di stelle che illumina il cielo e a costruire i nuclei atomici di cui siamo fatti noi e tutto quello che ci circonda.

Al contrario, i neutroni, lasciati liberi, cioè isolati dal nucleo, morirebbero quasi tutti nel giro di un paio d'ore. Questa triste sorte è loro risparmiata per il fatto che sono legati con i protoni a formare i nuclei atomici dei vari elementi. Nel guscio confortevole del nucleo, impegnati a scambiarsi residui di forza forte con gli altri neutroni e protoni, concentrati come sono a rimanere incollati a tutto il resto, non riescono a decadere.

La struttura dei tre quark leggeri tenuti assieme dalla forza forte è particolarmente robusta. Per capirlo bisogna fare qualche considerazione sulle masse delle particelle. Per esempio, il leggerissimo elettrone pesa circa 0,5 MeV, mentre protoni e neutroni hanno masse di poco inferiori a 1 GeV, sono quindi circa duemila volte più pesanti. I due quark più leggeri risultano più pesanti degli elettroni, ma molto meno dei protoni: il quark up ha una massa di circa 2 MeV e quello down di circa 5 MeV. E di colpo si capisce che tutta la massa del protone viene dall'energia tremenda del legame prodotto dai gluoni che interagiscono fra i quark. Circa 1 GeV di energia di legame significa che c'è una colla incredibilmente forte che tiene assieme i componenti. La piccola struttura è ben congegnata, non si è badato a spese per renderla solida e capace di resistere alle peggiori perturbazioni.

Per rompere una struttura tenuta assieme così bene ci vogliono particelle molto energetiche o temperature mostruose. Nel cosmo se ne trovano, ci sono meccanismi capaci di accelerare particelle a energie anche superiori di molti ordini di grandezza, ma sono fenomeni rari. Il flusso *naturale* di queste particelle energetiche, capaci di frantumare protoni e neutroni, è piuttosto flebile, per cui la materia delle stelle e dei grandi corpi celesti può sopravvivere imperturbabile allo scorrere del tempo.

Il calore, un enorme calore, potrebbe spezzare la scatola magica dentro la quale si nascondono i quark. Ma andrebbero scaldati fino a temperature di mille miliardi di gradi. Impossibile farlo anche per le stelle più massicce, le cui temperature interne non superano mai alcune centinaia di milioni di gradi.

Nel corso della sua evoluzione l'universo è passato per temperature spaventose, in particolare nei suoi primissimi istanti di vita. Ma si è raffreddato rapidamente, mentre si espandeva a grande velocità. Già un minuto e mezzo dopo il Big Bang si era scesi al di sotto dei 10 miliardi di gradi, una temperatura gradevole per i componenti dei nuclei che da quel momento in poi hanno potuto sopravvivere senza problemi e addirittura cominciare ad aggregarsi fra loro. Oggi la temperatura media del vecchissimo universo in cui viviamo non raggiunge i tre gradi sopra lo zero assoluto, cioè –270 gradi centigradi all'incirca, e i protoni non corrono alcun rischio di disintegrarsi.

Questa proprietà dei grandi corpi celesti di sopravvivere alle ere e restare imperturbabili rispetto alle variazioni ordinarie di temperatura e pressione è all'origine del pregiudizio di persistenza ed eternità delle grandi strutture materiali.

Fin dalle epoche più remote l'umanità ha vissuto come una vergogna la propria intrinseca fragilità. Il nostro essere mortali, caratteristica che ci accomuna a tutte le specie viventi, ci ha portato a idealizzare tutte le forme materiali persistenti: oceani e montagne, fiumi e vulcani e poi la Luna, il Sole, le stelle. Nei secoli abbiamo sviluppato il pregiudizio di una materia inanimata che sopravvive ai millenni e sfida l'eternità.

Questa concezione è stata messa in crisi a partire dai primi del Novecento, quando i fisici hanno iniziato a fare i conti con le forme più effimere della materia inanimata. Si è scoperto un mondo di stati materiali così precari da rendere invidiabile persino l'esistenza del più sfortunato degli insetti, l'effimera, che nel suo stesso nome comprende la durata irrisoria della propria vita. Questi piccoli insetti acquatici, simili alle libellule, vivono per circa un anno allo stato larvale, ma quando diventano adulti devono affrettarsi a trovare un partner per l'accoppiamento, perché la loro esistenza termina dopo qualche ora.

Il mondo evanescente delle forme più effimere di materia

L'esistenza delle effimere è infinitamente più lunga e variegata di quella di molti stati di materia inanimata. I primi sospetti che anche la materia ordinaria potesse disintegrarsi spontaneamente emersero a fine Ottocento, quando il fisico francese Antoine Henri Becquerel e la famosa coppia di scienziati formata da Maria Skłodowska, polacca, e dal francese Pierre Curie, cominciarono a studiare la radioattività naturale.

Notarono che alcuni elementi molto pesanti, cioè costituiti da nuclei contenenti un gran numero di protoni e neutroni, erano instabili, emettevano radiazioni di vario genere e decadevano tramutandosi in altri elementi. Fu l'inizio del lungo cammino che portò a una più profonda comprensione della struttura della materia.

Gli elementi instabili diventarono sempre più numerosi quando si scoprì che si poteva indurre la radioattività bombardando alcuni elementi con neutroni. Altre particelle instabili vennero identificate nei raggi cosmici e soprattutto se ne scoprirono a decine quando iniziarono a entrare in funzione i primi acceleratori di particelle.

Via via che cresceva l'energia delle nuove macchine si poté sfruttare la trasformazione di energia in massa per produrre nuovi stati della materia. E si scoprirono particelle nuove, molto diverse rispetto a quelle che compongono la materia ordinaria, dal comportamento piuttosto strano e che, soprattutto, decadevano in tempi molto rapidi. A partire dagli anni cinquanta il catalogo dei componenti della materia si arricchì di una quantità impressionante di nuove particelle, quasi tutte altamente instabili, alcune che vivevano un'esistenza talmente irrisoria da rendere impossibile misurarne direttamente la durata.

Il segreto di questo mondo di particelle-fantasma, che apparivano per una frazione di secondo al centro degli apparati sperimentali per disintegrarsi immediatamente in una specie di piccolo fuoco d'artificio, sta nella loro composizione. Negli anni sessanta e settanta i fisici si resero conto che la materia effimera che si produceva nei loro acceleratori, pur giocando un ruolo marginale nel mondo della materia ordinaria, era fondamentale per capirne l'origine e ricostruire la complicata evoluzione che l'aveva portata fino a noi. Abituate a scorrazzare libere in un universo neonato incandescente, queste particelle così massicce non sopravvivevano neppure un istante all'ambiente ultragelido in cui si ritrovavano a vivere, ma tanto bastava per studiarne le caratteristiche.

Per capire a fondo le leggi che governano la materia ordinaria e la composizione materiale dell'universo nel suo complesso, i fisici hanno dovuto attraversare il mondo della materia effimera e ricostruirne tutte le caratteristiche. Come gli antichi sciamani, che acquistavano conoscenza penetrando nel mondo delle illusioni e dei sogni, anche gli scienziati moderni hanno scoperto le simmetrie più profonde della natura avventurandosi nel mondo fantasmatico degli stati materiali più evanescenti e fugaci.

Il Modello Standard delle particelle elementari estende agli stati esotici della materia, a vita media breve, l'approccio che ha permesso di spiegare la materia ordinaria. La generalizzazione del modello comprende tre famiglie di quark: la prima è quella che già conosciamo, formata dai due quark up e down che formano protoni e neutroni; le altre due contengono quark molto più pesanti e dai nomi abbastanza singolari.

La seconda famiglia è costituita dai *quark strange* (strano; con carica –1/3) e *charm* (fascino; con carica +2/3) che sono entrambi molto pesanti. Il charm pesa addirittura più di un protone, ha una massa centinaia di volte superiore a quella dei quark leggeri.

La terza famiglia contiene i campioni della categoria: il *quark beauty* (bellezza; con carica –1/3) e *top* (cima o sopra; con carica +2/3). Il top è il peso massimo della categoria: da solo pesa più di 170 GeV, quanto un atomo d'oro. Come gli up e i down, anche i quark delle altre due famiglie sono dotati di carica elettrica, carica debole e carica di colore.

Tutti i quark possono aggregarsi fra loro in varie combinazioni, dando vita a una complessa zoologia di centinaia di stati esotici di materia tenuti assieme dalla forza forte. Le particelle che ne derivano sono chiamate *adroni*, dal greco ἁδρός (*hadròs*), forte, a indicare, appunto, che sono tenuti assieme dalla forza forte. A seconda del numero dei costituenti, gli adroni si dividono in *mesoni*, quando sono formati da una coppia quark-antiquark, e *barioni*, quando sono costituiti invece da tre o più quark. Neutroni e protoni sono i barioni più comuni e gli unici stabili. La materia che si forma quando si aggregano quark pesanti è altamente instabile e decade rapidamente in altre particelle contenenti soltanto i quark più leggeri.

Per ogni particella del Modello Standard bisogna considerare sempre il suo corrispondente partner di antimateria, una particella che ha la stessa massa e alcuni numeri quantici, fra cui la carica elettrica, opposti. Per esempio, il *quark anti-up* ha la stessa massa di circa 2 MeV dell'up ma carica –2/3.

Il primo a prevedere l'antimateria fu il fisico inglese Paul Adrien Maurice Dirac. Nel 1928, fra le soluzioni di un'equazione che entrerà nella storia, egli ne vide comparire una che sembrava descrivere il moto di un elettrone positivo, una particella molto simile a quella che orbita attorno ai nuclei, ma di carica opposta. Inizialmente la cosa non destò troppo stupore, i più la considerarono una curiosità matematica, fino a quando un giovane fisico americano non notò qualcosa di molto strano nei suoi esperimenti sui raggi cosmici. Nel 1932, cercando di capire la composizione del misterioso flusso di particelle provenienti dal cosmo più profondo, Carl David Anderson, allora ventisettenne, rimase sconcertato: fra centinaia di particelle conosciute, ne trovò una che aveva tutte le caratteristiche di un elettrone tranne che per la sua carica positiva. La chiamò *positrone*, senza sapere che questa scoperta gli avrebbe fruttato il più prestigioso dei riconoscimenti scientifici. Nel 1936, quando ricevette il Nobel, Anderson aveva solo trentun anni e divenne uno dei più giovani vincitori di tutti i tempi, superato solo dal fisico britannico, di origine australiana, William Lawrence Bragg, che era stato premiato nel 1915 all'età di venticinque anni.

Da allora le scoperte di *antiparticelle* si sono succedute con ritmo regolare e sono state verificate molte delle loro proprietà. Si è visto che, quando un elettrone incontra un positrone, avviene il fenomeno dell'annichilazione, cioè le due particelle spariscono lasciando il posto a due fotoni. È stata assodata l'esistenza anche del fenomeno opposto: cioè, fotoni di alta energia possono produrre coppie di elettroni e positroni e lo stesso può avvenire con gluoni capaci di creare "dal nulla" coppie di quark e *antiquark*.

Questi processi sono alla base dei moderni acceleratori, chiamati *collider*, collisori, che attraverso l'annichilazione di componenti elementari riescono a produrre nuove particelle, estremamente massicce. Per esempio Lep, il Large Electron-Positron Collider, che è stato in funzione al Cern prima di Lhc, faceva collidere elettroni e positroni di alta energia per produrre Z, la particella neutra che trasporta l'interazione debole e che ha una massa superiore a 90 GeV.

Gli elettroni che orbitano intorno al nucleo fanno parte dei *leptoni*, dal greco λεπτός (*leptòs*), sottile, leggero, perché hanno una piccola massa. Anche i leptoni sono suddivisi in tre famiglie, ciascuna formata da due particelle, come i quark, ma in questo caso una è carica e l'altra neutra. La prima famiglia è formata dall'elettrone e dal neutrino-elettrone. Quest'ultimo è una particella neutra, talmente leggera che fino a qualche tempo fa si pensava avesse massa nulla.

Come l'elettrone, anche il neutrino che lo accompagna è privo di carica forte e, per quanto ne sappiamo, è una particella stabile. Siccome è elettricamente neutro ed è molto leggero, il suo scambio di forze con la materia si limita all'interazione debole e agli effetti gravitazionali, che sono insignificanti perché la sua massa è minuscola. I neutrini possono attraversare tutta la Terra, da parte a parte, senza lasciare traccia del loro passaggio. Non stupisce che particelle così delicate e gentili ci siano sfuggite fino a pochi decenni fa.

Il *muone* è il leptone carico che guida la seconda famiglia. È una specie di elettrone molto pesante: la sua massa è duecento volte maggiore, vale circa 100 MeV. Il suo partner neutro è il neutrino-muonico.

La terza famiglia è formata dal leptone *tau*, vero campione della categoria perché pesa quasi quanto due protoni, e dal suo partner neutro, il neutrino-tauonico. Muoni e leptoni tau non sono stabili, la forza debole li fa disintegrare rapidamente in particelle più leggere.

Quark e leptoni sono due famiglie piuttosto estranee, che non si mescolano volentieri fra loro. A fare da ponte fra i due costituenti della materia sono i mediatori, o portatori di forze, una terza famiglia i cui componenti interagiscono con entrambi i gruppi, talvolta solo con alcuni dei vari membri, producendo dinamica e mescolamento.

Dei mediatori abbiamo già parlato: sono il fotone, portatore della forza elettromagnetica che agisce su tutte le particelle che hanno carica elettrica; il gluone, che trasmette la forza forte e interagisce con i quark che sono dotati di carica forte, ma ignora i leptoni che invece ne sono privi; infine W e Z, portatori della forza debole, che si accoppiano sia con i quark sia con i leptoni, perché hanno tutti carica debole.

Contrariamente a fotoni e gluoni, privi di massa, W e Z sono estremamente massicci. Pesano rispettivamente circa 80 e 90 GeV, e questo, come abbiamo visto, limita alle distanze sub-nucleari il raggio d'azione della forza debole. Quest'ultima interazione non porta a stati legati, ma è responsabile, come vedremo, di molti processi fondamentali per l'evoluzione dell'universo.

C'è, infine, un altro componente del Modello Standard che se ne sta un po' in disparte. È l'ultimo arrivato e non appartiene a nessuna delle famiglie fin qui descritte: è il *bosone di Higgs*, che gioca un ruolo decisivo nella costituzione della materia così come la conosciamo. Ne parleremo a lungo nel prossimo capitolo.

5.

Trionfo e caduta di un pregiudizio millenario

Sono passati più di dieci anni, ma ancora non mi sembra vero. Mi capita spesso di svegliarmi la mattina e chiedermi se quello che ci è capitato sia avvenuto realmente.

La scoperta del bosone di Higgs è stata annunciata nel luglio del 2012, quando abbiamo comunicato al mondo che al Cern avevamo trovato una nuova particella, molto somigliante a quello che era stato soprannominato il Santo Graal della fisica. In seguito, raccogliendo altri dati, è stato possibile ricostruire meglio l'identikit del nuovo venuto e si sono dissolti gli ultimi dubbi. Sì, era proprio lui. Questo ha convinto anche l'Accademia reale delle scienze di Stoccolma, che nel 2013 ha conferito il premio Nobel a Peter Higgs e a François Englert, i due fisici che ne avevano supposto l'esistenza quasi cinquant'anni prima.

La vita di un fisico sperimentale è costellata di sfide e grossi rischi. Fare ricerca ai confini della conoscenza significa imboccare strade nuove, mai battute prima, e accettare la possibilità di fallire. Nella scienza moderna nessuno inizia una nuova avventura senza mettere in conto l'insuccesso. Noi fisici delle particelle siamo persone appassionate e curiose, ma nel nostro ambiente sopravvivono solo quelli che amano le sfide, che non hanno paura di incassare colpi e ritrovarsi al tappeto. Quando succede, e capita molto spesso, non c'è tempo per le lamentele. Bisogna rialzarsi, capire dove si è sbagliato e prepararsi per un altro tentativo. Insomma, una delle qualità più apprezzate nel nostro campo è la resilienza.

Il nostro è un mestiere ad alto rischio: quando si intraprende una nuova ricerca, non solo non si è sicuri di arrivare ai risultati previsti, ma non si è neppure certi di riuscire a partire, perché occorre scegliere quale tecnologia impiegare, che magari non funzionerà; occorre altresì raccogliere i finanziamenti e forse non ci si riuscirà; infine, le idee che in partenza sembravano così brillanti potrebbero rivelarsi completamente errate.

Nessuno di noi fa questo lavoro per ricevere onori e riconoscimenti, anche se ci rallegriamo quando succede. La vera soddisfazione è stare lì, di fronte agli schermi dei nostri computer, con la consapevolezza di essere fra i primi umani a contemplare un nuovo stato della materia. L'emozione che si prova in quegli istanti è difficile da descrivere, ma ricompensa di tutti i sacrifici, le paure e i pericoli che si sono dovuti affrontare.

Appartengo a una generazione di fisici molto fortunati, perché non capita spesso di trovarsi in prima fila a contribuire a una scoperta così importante. Si può passare un'intera esistenza a inseguire un risultato senza riuscire a realizzarlo. E questo non vuol dire che non si è bravi abbastanza.

Prendiamo la generazione di scienziati che ci ha preceduto, quella che ha cercato il bosone di Higgs per svariati decenni, a partire dagli anni settanta. Non sono riusciti nell'impresa non perché fossero meno bravi di noi, anzi; semplicemente non c'erano le condizioni. Gli acceleratori dell'epoca erano molto meno potenti di Lhc. Oggi che l'abbiamo trovato, sappiamo che il bosone di Higgs è una particella molto pesante. Sarebbe stato impossibile riuscire a produrlo e identificarlo con le macchine che erano in uso in quegli anni.

A noi è semplicemente capitata la fortuna di trovarci al posto giusto nel momento giusto. Senza dubbio lo sforzo messo in campo da migliaia di scienziati per costruire Lhc e i suoi grandi rivelatori è stato straordinario. Soprattutto i giovani – fisici, ingegneri e informatici che costituiscono le truppe d'assalto di queste collaborazioni – hanno prodotto tantissime idee innovative e sono stati capaci di superare le enormi difficoltà incontrate durante la costruzione e la messa in opera di questi gioielli della tecnologia. Ma tutto, nel nostro campo, è così complicato che sarebbe bastato trascurare un piccolo dettaglio, apparentemente insignificante, perché il successo si tramutasse in un colossale fallimento. Insomma, la fortuna, come sempre nelle faccende umane, ha giocato anche in questo caso un ruolo decisivo.

Ma cos'è un bosone e perché questa scoperta è tanto importante? E soprattutto, qual è il ruolo di questa famosa particella nell'organizzazione della materia e nella costituzione del nostro universo?

Storie di fermioni e di bosoni

Combinando fra loro le particelle del Modello Standard si possono costruire centinaia di stati materiali diversi. È un po' come assemblare oggetti complessi usando i mattoncini Lego che, pur molto versatili, non si possono incastrare a casaccio, bisogna seguire delle regole.

Lo stesso avviene quando si maneggiano quark e leptoni. Anche qui ci sono regole da seguire, abbastanza semplici, che si chiamano "conservazione dei numeri quantici". Per esempio, non si possono combinare fra loro tre quark e avere come risultato uno stato che ha carica frazionaria. La carica deve essere sempre intera e si deve conservare nei processi di reazione fra particelle.

Le due famiglie di particelle di materia, quark e leptoni, piuttosto riluttanti a mescolarsi fra loro, hanno tuttavia una caratteristica che le accomuna: hanno *spin* frazionario, nel caso particolare di valore +1/2 o –1/2. Lo spin è un altro numero quantico che si conserva nelle interazioni fra le particelle, una loro proprietà caratteristica per la quale non esiste un corrispettivo classico. Si può interpretare come una forma di momento angolare intrinseco, come se la materia che compone la particella si comportasse alla stregua di una minuscola trottola che ruota su se stessa, ma l'analogia è piuttosto impropria. Hanno spin frazionario gli elettroni, che sono praticamente puntiformi; è difficile immaginare di far ruotare intorno a un asse qualcosa che è tutto concentrato in un punto, cioè privo di dimensioni.

I mediatori, le particelle che portano le forze, hanno invece spin intero (0, 1, 2): per esempio fotoni, gluoni, W e Z hanno spin 1. Non mi chiedete il motivo di questa differenza. Non lo conosce nessuno. Qualcuno ipotizza che ci sia sotto una simmetria più profonda che non abbiamo ancora scoperto. Forse esiste un'altra forma di materia nella quale i ruoli si invertono: una super-materia nella quale le super-particelle di materia hanno spin intero e quelle che portano le interazioni hanno spin frazionario. È un mondo materiale che, sulla carta, potrebbe funzionare, ma nessuno ha ancora trovato una sola di queste super-particelle. Per ora dobbiamo accettare questa divisione, che risulta foriera di conseguenze importanti, perché avere spin intero o frazionario comporta destini completamente diversi.

Le particelle che hanno spin frazionario si chiamano *fermioni*, mentre si chiamano *bosoni* quelle che hanno spin intero. Ci sono fermioni compositi che hanno spin 3/2 o 5/2 e bosoni che hanno spin 0 o 1; si ipotizza anche che esistano bosoni elementari a spin 2, ma per ora non sono stati trovati.

Lo strano nome delle due famiglie deriva dalle leggi della statistica cui obbediscono i due tipi di particelle, e qui c'è una differenza decisiva. I fermioni seguono le leggi definite da Enrico Fermi e Paul Adrien Maurice Dirac, mentre i bosoni seguono quelle teorizzate dal fisico indiano Satyendranath Bose e da Albert Einstein. La differenza ha a che fare con il principio di esclusione di Pauli, dal nome del fisico Wolfgang Pauli che l'ha formulato nel 1925. È una norma che non vale per i bosoni, mentre risulta una specie di tabù inviolabile per i fermioni: due fermioni identici non possono occupare lo stesso stato quantico. Con un po' di fantasia, la si può immaginare come una sorta di agorafobia: quark e leptoni non possono sopportare di trovarsi in uno stato quantico troppo affollato. La folla li manda nel panico e devono affrettarsi a cercare un ambiente meno congestionato. Detta così, sembrerebbe una faccenda esotica, priva di qualunque conseguenza pratica. La realtà, invece, è ben altra.

A causa del principio di esclusione, gli elettroni sono costretti a occupare livelli atomici diversi e questo permette la formazione di molecole e le reazioni della chimica. L'orbitale più vicino al nucleo, che corrisponde a uno stato quantico ben determinato, non può essere occupato da più di due elettroni: uno con spin su, +1/2, e l'altro con spin giù, –1/2. Gli altri elettroni devono occupare gli orbitali superiori e, a mano a mano che anche questi vengono riempiti, sono costretti a popolare quelli sempre più esterni, dove l'energia di legame con il nucleo diminuisce e basta poco per essere strappati via o costretti a scambiare legami con altri atomi. Grazie a questo meccanismo gli atomi possono interagire fra loro. Senza il principio di esclusione di Pauli tutti gli elettroni occuperebbero solo l'orbitale più interno e ciascun elemento si comporterebbe come una specie di gas nobile, inerte e incapace di interagire con chicchessia. Nel mondo non ci sarebbero molecole, e nemmeno fisici che provano a capire come funziona la materia.

Tutto ciò non vale per i bosoni, che possono affollare lo stesso stato quantico senza alcun limite. In virtù di questa caratteristica, fra le altre cose, abbiamo potuto sviluppare i laser, fasci di luce coerente nei quali un numero illimitato di fotoni condivide lo stesso stato quantico. Si potrebbe dire che, se non avessimo capito le leggi che regolano la vita dei bosoni, oggi non potremmo curare la miopia, leggere le etichette dei prodotti al supermercato o trasmettere informazioni su fibra ottica. Come vedremo più avanti, il principio di esclusione di Pauli gioca un ruolo importantissimo anche nell'evoluzione delle stelle, e il fatto che i bosoni ne siano esentati ha permesso di costruire addirittura nuovi stati della materia.

Ma cos'è veramente la massa?

Uno dei capisaldi del Modello Standard è l'unificazione dell'interazione elettromagnetica e di quella debole. La teoria è costruita attorno all'ipotesi che queste due forze, all'apparenza così diverse fra loro, sono in realtà manifestazioni differenti della stessa forza, l'interazione *elettrodebole*. Nel XX secolo, cento anni dopo l'unificazione di elettricità e magnetismo, la storia si ripete.

Tutto nasce da un'analogia formale, che rafforza l'intuizione da cui era partito Fermi. Le equazioni che descrivono le due forze si somigliano e questa corrispondenza non può essere casuale. Furono i fisici americani Sheldon Glashow e Steven Weinberg e il pachistano Abdus Salam a parlare per primi di forza elettrodebole e a costruire una teoria che ipotizzava come mediatori, accanto al fotone, una tripletta di altri bosoni, due carichi, chiamati W^+ e W^-, e uno neutro, lo Z. Qualche anno dopo, Gerardus 't Hooft, un giovane studente olandese che stava lavorando alla sua tesi, riuscì a dimostrare che la teoria era calcolabile, cioè non incappava in quelle contraddizioni che sono l'incubo di ogni teorico. A quel punto gli ultimi dubbi furono superati e tutti finirono con il convincersi che si era imboccata la strada giusta. Anche perché, nel frattempo, si moltiplicavano le verifiche sperimentali che confermavano le previsioni del Modello Standard, compresa la scoperta di W e Z, effettuata da Carlo Rubbia al Cern nel 1983.

Il successo della teoria portò alla consegna di premi Nobel a tutti i protagonisti della grande avventura: Glashow, Weinberg e Salam nel '79, Rubbia nell'84, 't Hooft nel '99. Da allora in poi le previsioni del Modello Standard sono state sottoposte a test sempre più stringenti e verificate con una precisione impressionante.

Quella teoria nascondeva, però, un problema che rimarrà irrisolto per decenni: la questione della massa. Abbiamo già visto che il leggerissimo fotone rende infinito il raggio d'azione della forza elettromagnetica, mentre i massicci W e Z non riescono a propagare la forza debole oltre le distanze sub-nucleari. Ma se il Modello Standard si basa sull'assunto dell'unificazione elettrodebole, come può succedere che il fotone, privo di massa, porti la stessa interazione di W e Z che pesano quanto un centinaio di atomi di idrogeno? Quale meccanismo dà la massa a W e Z e li differenzia dal fotone? In ultima analisi, che cos'è esattamente la massa?

Attorno alla metà del XX secolo gli scienziati si trovarono ad affrontare una questione sfuggita all'attenzione di tutti, anche dei più grandi, per secoli. Una faccenda che riguarda una grandezza fisica talmente nota che nessuno si era mai posto la domanda se, sotto l'apparente banalità, si nascondesse qualcosa di meno ovvio.

La misura della massa è forse l'unica misura di fisica praticata da tutta l'umanità, da millenni. Non c'è bisogno di essere scienziati per mettersi su una bilancia a controllare il proprio peso o andare al mercato a comprare un chilo di mele. La massa di un corpo è data così per scontata che attorno a essa si è sviluppato un pregiudizio duro a morire.

L'origine del termine "massa", che deriva dal greco μᾶζα (*maza*), indica un impasto di cereali. Qualunque oggetto materiale ha una massa, per cui essa è sempre stata considerata una proprietà intrinseca dei corpi. Nessuno si è mai posto la domanda se fosse una proprietà acquisita, cioè non originaria.

La cosa era sfuggita non solo a filosofi e grandi pensatori, ma anche ai giganti fra gli scienziati moderni, che si erano occupati di massa in vari contesti. Come Galilei, che capisce che l'accelerazione dei corpi in caduta libera non dipende dalla loro massa. Oppure Newton, che formula la legge di gravitazione universale e comprende che la massa è la sorgente della forza di attrazione fra due corpi. Con Newton la massa perde quel connotato di substrato inerte, diventa qualcosa di vivo, che interagisce con l'universo intero, ma rimane ancora una proprietà intrinseca della materia. Il pregiudizio si mantiene addirittura con Einstein, una delle menti più immaginifiche di sempre. Equivalente all'energia, la massa diventa con lui una forma di energia molto concentrata, che cresce con la velocità dei corpi. Non più un attributo statico, ma mutevole, cangiante e intimamente collegato alla dinamica dei corpi materiali. Addirittura nella relatività generale la massa-energia diventa sostanza materiale attiva, che curva lo spazio-tempo e interagisce dinamicamente con ogni altra concentrazione di massa-energia ovunque distribuita. Ma nemmeno Einstein viene sfiorato dal sospetto che sotto quel concetto, così familiare, si nascondesse qualcosa di molto più profondo, la cui comprensione ci avrebbe permesso di capire meglio come si è formato il nostro universo.

Per dare solide fondamenta al Modello Standard delle particelle elementari occorreva trovare il meccanismo che aveva rotto la simmetria elettrodebole, cioè che aveva lasciato privo di massa il fotone e reso massicci W e Z. A far crollare il pregiudizio millenario che la massa è una proprietà intrinseca della materia e dimostrare invece che nasce da un'interazione con un nuovo campo furono tre giovani fisici. Avevano poco più di trent'anni quando, nel 1964, proposero la teoria che avrebbe cambiato per sempre il punto di vista dell'umanità sul concetto di massa.

I ragazzi del '64

Nel 1959 François Englert ha ventisette anni. È la prima volta che il giovane fisico belga giunge negli Stati Uniti. È lì per lavorare all'Università di Cornell, con un contratto di ricerca. È appena atterrato all'aeroporto di Ithaca, la cittadina che ospita la prestigiosa istituzione accademica, e trova ad attenderlo il giovane professore di cui sarà assistente: Robert Brout, trentun anni, un brillante fisico teorico americano. Di origine ebraica come François, ha studiato a Columbia, New York, ed è stato assunto a Cornell da poco. Va a prendere François all'aeroporto con una vecchia Buick ridotta a un ammasso di ruggine. Si fermano a fare due chiacchiere in un caffè. La conversazione procede spedita. Parlano per tutta la notte, a casa di Brout, alternando caffè a qualche superalcolico e discutendo di fisica e di ragazze, di vita e di politica. Quando si lasciano per andare a riposare, entrambi sanno che la loro amicizia durerà per tutta la vita.

Nel 1961 Englert torna in Europa perché gli è stato offerto un posto di professore all'Università Libera di Bruxelles. Qualche tempo dopo anche Robert Brout si trasferisce nella stessa università. In Europa si troverà così bene che finirà con il rinunciare alla cittadinanza americana per prendere quella belga.

I due fisici teorici hanno personalità vivaci ed estroverse. Dotati di uno spiccato senso dell'ironia, amano la cucina e le belle donne e si divertono a fare scherzi ai colleghi. Trasmettono la loro passione agli studenti e li coinvolgono grazie a un entusiasmo contagioso. I loro interessi di ricerca spaziano su varie questioni, ma nel 1964 decidono di occuparsi di ciò che succede nella fisica delle particelle. È un campo nuovo per loro, che si sono occupati soprattutto di fisica dello stato solido. Non si sentono degli specialisti e sono molto titubanti nel mandare il loro articolo d'esordio in questa disciplina a un'importante rivista del settore. Hanno paura di aver scritto delle sciocchezze o trascurato qualcosa di essenziale. Perché a loro sembra che la questione sulla quale si arrovellano i migliori fisici teorici del mondo abbia una soluzione ovvia, talmente semplice da sembrare banale.

Hanno visto all'opera un meccanismo simile in altre situazioni della fisica dello stato solido, il campo di cui sono esperti, e lo propongono parimenti per risolvere il problema dell'unificazione delle interazioni fondamentali.

Se le equazioni delle due interazioni, elettromagnetica e debole, sono le stesse, a rompere la simmetria fra i portatori, il fotone e W e Z, non può che essere il mezzo in cui essi si propagano. La spiegazione è semplice: il vuoto non è vuoto. Una nuova particella, dotata di massa, ne occupa ogni angolo con il suo campo.

È facilmente comprensibile perché nessuno, sulle prime, li abbia presi sul serio. Il loro articolo viene pubblicato, ma passa inosservato. La cosa non deve stupire. I massimi esperti di fisica teorica del mondo si stanno scervellando per trovare una soluzione e questi due novellini, due sconosciuti, arrivano con la loro teoria strampalata pretendendo di avere ragione.

Secondo quanto sostengono, ogni angolo dell'universo è pieno di qualcosa di sottile e misterioso che vedono solo loro e hanno capito solo loro. L'assenza di reazioni non deve quindi meravigliare. Ma la delusione dei due giovani scienziati è talmente grande che, per qualche tempo, meditano di lasciar perdere la fisica delle particelle e di occuparsi d'altro.

Il caso vuole che, poche settimane più tardi, la stessa rivista riceva un altro articolo, scritto, anche in questo caso, da un giovane scienziato sconosciuto. Il lavoro affronta la medesima tematica da un punto di vista completamente diverso, anche se le conclusioni sono molto simili a quelle di Brout ed Englert.

L'autore, Peter Higgs, è un fisico inglese di trentacinque anni, coetaneo dei due belgi, ma diversissimo da loro. È un fisico matematico, agli inizi della carriera, chiamato da poco a Edimburgo come assistente. Ha un carattere schivo e riservato, al limite della misantropia, e lavora da solo; i colleghi lo considerano scontroso e un po' eccentrico. Le sue uniche passioni sono le camminate in montagna che fa con la moglie, una linguista americana di cui è innamoratissimo, e l'impegno politico.

Non nasconde le proprie idee: fin da quando era studente a Bristol è sempre stato molto attivo nella sinistra laburista inglese. Ha sostenuto lotte sindacali e partecipato alla Cnd, la Campagna per il disarmo nucleare, consumando le suole delle scarpe in marce per la pace. Non ha un dottorato in Fisica delle particelle, per cui dirà sempre, con un po' di snobismo, di non essere competente in materia.

Nell'estate del '64 scrive uno dei suoi rarissimi articoli, che invia a una rivista poco prima di partire per le ferie. Nella sua prima versione l'articolo viene respinto, e Higgs, controvoglia, si deve rimettere al lavoro per un paio di settimane per adeguare lo scritto alle richieste dei referee così da renderlo più vivace e preciso.

Alla fine le sue conclusioni sono più nette: sì, la rottura spontanea della simmetria elettrodebole avviene in conseguenza di un campo scalare che è prodotto da un nuovo bosone dotato di massa. Così l'articolo viene accettato e compare nella rivista poche settimane dopo quello di Brout ed Englert, che infatti Higgs cita nel suo lavoro.

Molti anni dopo, a Stoccolma, mentre brindavamo alla

medaglia che gli avevano appena consegnato, Peter mi confiderà: "Penso sempre a come è strano il mondo: se nel '64 non avessero respinto quell'articolo, non sarei qui stasera".

Il meccanismo proposto per spiegare la separazione delle due interazioni è semplice. Quando lo si vede riassunto in poche formule risulta quasi ovvio. Sembra una di quelle soluzioni geniali cui nessuno aveva mai pensato prima, solo perché la spiegazione pareva troppo banale. La massa, la più comune fra le proprietà, nasconde una trappola. I leggerissimi leptoni e i quark più pesanti nascono, tutti, democraticamente, privi di massa. È il campo di Higgs che invade l'universo intero a selezionare e distinguere le particelle massicce da quelle leggere. Più forte è l'interazione con il campo, maggiore è la massa che viene attribuita alla particella. Il fotone non interagisce affatto, mentre W e Z vi rimangono invischiati e diventano ultra-massicci. La massa non è una proprietà intrinseca della materia, ma la conseguenza di una dinamica.

Contrariamente a quanto ci si poteva aspettare, la pubblicazione degli articoli non produsse, nell'immediato, alcun effetto. Per dirla con le parole di Higgs: "I nostri articoli, all'inizio, vennero del tutto ignorati". Poi, lentamente, le cose cambiarono. Un po' perché la spiegazione proposta appariva semplice ed elegante, un po' perché trovò uno sponsor d'eccezione, Steven Weinberg, il padre dell'unificazione elettrodebole, che cominciò a citare sempre più spesso, nei suoi articoli e nei seminari, il meccanismo di Higgs come elemento chiave della rottura di simmetria elettrodebole.

Ma nel momento in cui gli scienziati più autorevoli del mondo mettevano al centro del Modello Standard il lavoro dei ragazzi del '64, cominciarono i problemi. Perché mentre le nuove particelle previste dalla teoria venivano tutte, sistematicamente, scoperte, di quella responsabile del nuovo campo non c'era traccia. Nessuno sembrava capace di trovare la fantomatica particella sulla cui esistenza poggiava l'intera costruzione, al punto che qualcuno iniziò a dubitare che il bosone di Higgs esistesse davvero.

Ginevra, 8 novembre 2011

Anche se è il giorno del mio compleanno, è una mattinata come le altre. Sveglia alle sette, caffè italiano abbondante, fatto con la vecchia Moka, un'occhiata al computer per controllare il libro di bordo di Cessy ed essere sicuri che "il bimbo" abbia passato una notte tranquilla.

Ho sempre chiamato così il rivelatore Cms (Compact Muon Solenoid), con il nomignolo affettuoso che i genitori toscani usano per indicare i loro figli. Da qualche tempo sono lo *Spokesperson* di Cms, che letteralmente significa il portavoce, ma in pratica indica la persona che viene eletta per guidare la collaborazione di tremila e più scienziati di tutto il mondo.

Ho fatto parte di quella piccola pattuglia di visionari che nei primi anni novanta l'hanno sognato, prima ancora di disegnarlo e costruirlo; l'abbiamo sempre considerato una nostra creatura, nonostante il piccolino pesi oltre quattordicimila tonnellate e sia alto come un palazzo di quattro piani.

Cms è una moderna cattedrale della tecnologia, installata in un'enorme caverna a cento metri sottoterra, nei pressi del paesino francese di Cessy, vicino a Ginevra. Proprio qui sotto passa il grande acceleratore Lhc e nel cuore di Cms avvengono gli incroci dei fasci. Le collisioni fra protoni di alta energia vengono registrate da una serie di gusci concentrici di sensori. È una sorta di enorme, gigantesca, macchina fotografica digitale, che identifica le particelle prodotte negli urti, che a loro volta si susseguono alla velocità strabiliante di un miliardo di collisioni al secondo.

Abbiamo impiegato venticinque anni a costruirlo e metterlo in operazione. Abbiamo attraversato tali e tante crisi che ancora non ci sembra vero che tutto funzioni alla perfezione. La generazione di scienziati che ci ha preceduto ha dato la caccia al bosone di Higgs per decenni, senza riuscire a scoprirlo. Ora tocca a noi, ma la paura di fallire ci accompagna ogni giorno.

Ci siamo buttati nell'impresa con il coraggio e l'incoscienza di una generazione di trenta-quarantenni che lancia il cuore oltre l'ostacolo. Abbiamo proposto una macchina gigantesca e rivelatori talmente complessi che all'inizio tutti ci hanno preso per matti. E in effetti, con le tecnologie disponibili negli anni novanta, sarebbe stato impossibile riuscire a portare a termine il progetto. C'è voluta davvero una generazione di pazzi, audaci e visionari per gettarsi a corpo morto nel lavoro e coinvolgere migliaia di giovani ricercatori di tutto il mondo. Il segreto è stato fare un balzo in avanti nelle conoscenze e ideare nuovi sensori, inventare materiali innovativi, sviluppare moderne tecnologie che potessero realizzare il salto di qualità di cui avevamo bisogno. Alla fine ci siamo riusciti, ma sono stati decenni di sofferenza e di sforzi forsennati.

Abbiamo attraversato l'inferno, sopravvivendo a ogni tipo di crisi: sensori che non funzionavano, materiali che non si riuscivano a produrre, costi che esplodevano, scadenze che non eravamo in grado di rispettare e incidenti tremendi, come quello che all'inizio di Lhc ha danneggiato decine di magneti e messo fuori gioco l'acceleratore per più di un anno intero.

Ma alla fine ce l'abbiamo fatta. Siamo qui. Abbiamo preso dati e pubblicato tantissimi articoli. Tutto è pronto per la caccia all'Higgs. Nel corso di quest'anno, il 2011, Lhc ha funzionato a meraviglia e ci ha regalato molte più collisioni di quelle inizialmente previste. È vero che io e Fabiola Gianotti, che guida Atlas, l'altro esperimento, abbiamo tormentato i nostri amici della macchina quasi ogni giorno, chiedendo loro sforzi eccezionali perché ci dessero la statistica di cui avevamo bisogno. E ci hanno ascoltato. Abbiamo raccolto abbastanza dati da poter cominciare a dire qualcosa su questo maledetto bosone.

Da alcuni mesi centinaia di giovani sono al lavoro per analizzare i dati che abbiamo registrato su disco e il lavoro è diventato frenetico nelle ultime settimane.

A cavallo dell'estate siamo stati sulle montagne russe. A un certo momento pareva di intravedere qualcosa, poi tutto è sparito. Sono le fluttuazioni, gli scherzi della statistica: per qualche settimana sembra che ci sia un segnale, poi la regione che ci pareva interessante si spopola di dati e tutto ritorna alla normalità.

Il lavoro di analisi dei dati è organizzato in gruppi formati ciascuno da una quindicina di fisici, perlopiù giovani. Sono menti brillanti e irrequiete, che si concentrano su un particolare modo di decadimento dell'Higgs. Ce ne sono decine che lavorano su canali diversi e i gruppi sono indipendenti l'uno dall'altro, non si scambiano tra loro le informazioni su quello che succede, se non periodicamente. Ma io sono lo *Spokesperson* e posso partecipare a tutte le riunioni. Lo faccio abitualmente, in particolare seguo i due o tre gruppi nei quali si studiano i canali di decadimento dell'Higgs più promettenti. Quelli che, se la maledetta particella esiste davvero, dovrebbero mostrare per primi qualcosa.

Proprio oggi, 8 novembre 2011, si riuniscono nella stessa mattinata, a distanza di un'ora, i due gruppi di analisi di punta. Com'è consuetudine, l'uno non sa cosa sta facendo l'altro. Nel primo succede qualcosa: "Guido, è comparso questo strano eccesso attorno a 125 GeV". Io prendo nota, senza manifestare particolare entusiasmo. Poi raggiungo il secondo gruppo: "Ci pare che stia succedendo qualcosa attorno a 125 GeV". Allora convoco insieme i due gruppi. Non sono necessarie troppe parole e nessuno parla di scoperta, ma a tutti brillano gli occhi. "Forse mi avete fatto il regalo di compleanno più bello che potessi immaginare. Però è ancora troppo presto. Ora voglio solo che facciate di tutto per farlo sparire."

Questa è la parte meno conosciuta del nostro lavoro. Al di fuori della cerchia di esperti si pensa che, quando i fisici trovano un indizio di segnale, facciano di tutto per amplificarlo, per renderlo più chiaro. In realtà, avviene l'esatto contrario: in questi casi moltiplichiamo gli sforzi per ucciderlo. Perché bisogna essere sicuri che non sia una maligna fluttuazione statistica del fondo, oppure che non abbiamo sbagliato a modellare le simulazioni e non ci siano errori nella selezione degli eventi o nel software di ricostruzione. Solo alla fine di questo processo, quando non riusciamo a trovare una causa che spieghi il segnale comparso nei dati, ci fermiamo e rendiamo pubblici i risultati. Pubblicare i risultati significa chiedere agli altri colleghi, quelli che non hanno partecipato al nostro lavoro, di controllare quello che abbiamo fatto, perché cerchino altre potenziali fonti di errore.

Il lavoro per uccidere il segnale a partire da quella riunione non ha poi avuto risultati. L'anomalia ha resistito a tutte le verifiche. A fine novembre è stato chiaro che un eccesso di eventi simile al nostro compariva anche nei dati di Atlas. Il resto è storia nota.

I risultati preliminari sono stati presentati al mondo in un seminario speciale il 13 dicembre 2011. Ma il segnale era ancora troppo debole per annunciare alcunché. Nei primi sei mesi del 2012 si sono raccolti altri dati e, quando quel timido segnale è riapparso in entrambi gli esperimenti, non ci sono stati più dubbi. Con un secondo seminario speciale, il 4 luglio 2012, Atlas e Cms annunciavano al mondo la loro scoperta.

Uno strano campo che occupa l'universo intero

La corsa forsennata che abbiamo fatto per scoprire l'Higgs ci ha lasciato senza fiato. Durante e dopo la scoperta siamo stati travolti da un'attenzione mediatica senza precedenti. Abbiamo ricevuto premi e riconoscimenti e la cosa ci ha fatto molto piacere, ma nulla è paragonabile alle emozioni provate di fronte ai primi segnali dell'Higgs. Nessuno di noi dimenticherà mai la consapevolezza di essere fra i primi a vedere le tracce lasciate da una particella ricercata per quasi cinquant'anni e quell'eccitazione, mista ad ansia, che si leggeva nelle pupille dei giovani in prima linea nello spostare in avanti le frontiere della conoscenza.

Sono stati mesi così frenetici e concitati che non c'è stato tempo per riflettere. Solo in seguito, quando abbiamo potuto guardare a tutto questo con mente più serena, abbiamo cominciato a capire cosa avevamo combinato.

La scoperta del bosone di Higgs è destinata a lasciare un

segno e a essere ricordata per decenni, se non per secoli. È uno spartiacque fra un prima e un dopo. Oggi possiamo descrivere nei dettagli il meccanismo che rompe la simmetria elettrodebole e differenzia fra loro quark e leptoni.

Il fatto di essere riusciti a misurare con precisione la massa dell'Higgs ci permette di ricostruire la storia dei primi istanti di vita del nostro universo. È passato un solo centesimo di miliardesimo di secondo dal Big Bang e l'universo appena nato è un oggetto densissimo e caldissimo, che si sta espandendo a velocità impressionante. Via via che le sue dimensioni crescono, la temperatura diminuisce. Contiene già tutta la massa e l'energia necessarie per costruire l'universo gigantesco che conosciamo, ma nulla di ciò che si agita al suo interno sarebbe riconoscibile. È un immenso pulviscolo di particelle elementari, tutte prive di massa, che corrono ovunque alla velocità della luce.

Ma di colpo tutto cambia. Non appena si scende al di sotto della temperatura critica che permette al bosone di Higgs di scorrazzare libero ovunque, come fanno le sue compagne di avventura, avviene una transizione di fase: il suo campo cristallizza in uno stato stabile e una miriade di bosoni di Higgs liberi rimangono intrappolati per sempre in questa nuova struttura. Il vuoto acquista una proprietà nuova: arricchito dalla presenza dell'Higgs diventa vuoto elettrodebole, e le particelle che lo attraversano cominciano a differenziarsi sulla base dell'intensità della loro interazione con questo nuovo campo. Nascono allora le particelle elementari così come le conosciamo oggi: leptoni e quark si differenziano e W e Z diventano massicci. Si produce in quel momento il meccanismo che consentirà alla materia di acquistare le forme consistenti e durature a noi oggi ben note.

La materia stabile, che ha monopolizzato per millenni la discussione filosofica, senza il bosone di Higgs non esisterebbe. Senza il suo campo non ci sarebbero i quark leggeri che si aggregheranno a formare i primi protoni. Senza di lui neanche gli elettroni avrebbero la piccola massa che li contraddistingue e che permetterà loro, a tempo debito, di orbitare attorno ai primi nuclei per formare gli atomi.

Abbiamo scoperto il meccanismo delicato e sottile che ha fatto prendere al nostro universo la strada che ha portato alla costruzione di oggetti materiali persistenti: nuclei, atomi, polveri, stelle, galassie, pianeti e giù giù fino a noi. Senza il bosone di Higgs tutto questo non esisterebbe. Oggi sappiamo qualcosa che ignoravamo sino a qualche decennio fa e che ci obbliga a riscrivere i libri di fisica.

La stranezza dell'Higgs e i tanti misteri che nasconde

Con la scoperta dell'Higgs il Modello Standard è completo. Ma il nuovo venuto è una particella strana, e non a caso è sempre rappresentato un po' in disparte. Non appartiene alla famiglia delle particelle di materia, leptoni e quark, perché è un bosone. Ma ha poco da spartire anche con gli altri bosoni, quelli che trasportano le interazioni. Perché è uno scalare, il che significa che ha spin nullo. È la prima particella scalare fondamentale del Modello Standard, non ce ne sono altre.

È come se fosse la più semplice delle particelle, quella che potrebbe essere disegnata da un bambino: una sorta di prototipo elementare, senza fronzoli, ridotto all'osso, caratterizzato esclusivamente dalla massa. Eppure gioca un ruolo fondamentale. Poiché interagisce con le particelle conosciute ma anche, se esistono, con quelle non ancora scoperte, si comporta come una specie di antenna, capace di entrare in relazione con tutte le forme materiali. Per questo è essenziale misurarne ogni caratteristica. Per ora, tutto sembra normale, l'Higgs non presenta anomalie di rilievo rispetto alle previsioni, ma i risultati non ci permettono di escludere che nasconda qualcosa di strano.

Per esempio, potrebbe essere il primo rappresentante di un'intera famiglia di altre particelle scalari. Il Modello Standard non le prevede, ma la natura potrebbe riservarci delle sorprese. Potremmo trovare nei dati di Lhc una sorta di cugino del bosone di Higgs, qualche altro membro di una famiglia più vasta, e di colpo saremmo costretti a rivedere il quadro complessivo.

La nuova particella potrebbe anche funzionare da portale per scoprirne di nuove, magari stravaganti o dal comportamento bizzarro: particelle quasi stabili, che possono girovagare lentamente dentro i nostri apparati per giorni o settimane, per poi decadere in un fiotto di particelle note, magari quando la presa dati è già terminata; oppure particelle invisibili, silenziosi fantasmi che attraversano i nostri rivelatori senza lasciare alcuna traccia. Prepararsi alle sorprese, tenere in conto anche i comportamenti più inusuali della materia è una delle cose più difficili del nostro lavoro.

Oppure potrebbe riservarci novità rispetto al ruolo che ha giocato nella costituzione materiale del nostro universo. Un ruolo che già sappiamo essere stato fondamentale, ma potrebbe essere stato ancora più rilevante di quanto immaginiamo.

All'origine del nostro universo c'è una fase, ancora piuttosto misteriosa, chiamata inflazione cosmica. È quella nella quale da una fluttuazione quantistica del vuoto nasce una minuscola bollicina dello spazio-tempo che si riempie di una manciata di *inflatoni*. Queste strane particelle sono state ipotizzate per spiegare la dinamica di ciò che abitualmente chiamiamo Big Bang, la parossistica espansione iniziale da cui è nato il nostro universo. Gli inflatoni sono particelle scalari, solo loro possono gonfiare a dismisura la minuscola porzione di spazio-tempo nella quale si installano. Qualcuno ipotizza che sia stato proprio il bosone di Higgs, il primo scalare fondamentale osservato in natura, a giocare un ruolo anche nei primissimi istanti dell'evoluzione del nostro universo. Ma i dati a disposizione non sono ancora sufficienti. Per sapere se è stato davvero il bosone di Higgs a scatenare l'inflazione sono necessari ulteriori studi.

In seguito alla scoperta del bosone di Higgs stiamo vivendo una sorta di momento magico della fisica. Per un verso abbiamo chiuso un capitolo rimasto aperto per quasi cinquant'anni. Ora che abbiamo trovato l'ultima particella che mancava all'appello, il Modello Standard delle interazioni fondamentali è completo. Ma anche mentre celebriamo un altro trionfo per questa teoria, sappiamo benissimo che la lista dei fenomeni per i quali il modello non fornisce alcuna spiegazione è così lunga da risultare francamente imbarazzante.

Tanto per cominciare, non contiene la gravità, la più comune fra le interazioni. Ci sono del tutto sconosciuti i meccanismi che definiscono masse e gerarchie dei neutrini, non sappiamo che fine abbia fatto l'antimateria e non siamo ancora riusciti a unificare in maniera consistente tutte le forze fondamentali.

Ma c'è soprattutto una caratteristica che rende il bosone di Higgs una particella molto speciale. Per meccanismi intrinseci alla meccanica quantistica, sappiamo che ogni particella è perennemente avvolta da una specie di nuvola di particelle virtuali. Sono particelle-fantasma che vengono estratte dal vuoto per un brevissimo istante per tornarvi subito dopo, appena sono riassorbite. È un meccanismo inevitabile che, nel caso del bosone di Higgs, comporterebbe una crescita incontrollata della sua massa. Non conosciamo nessun meccanismo che possa proteggere una particella scalare da questo fenomeno, eppure la sua massa sta lì, immobile, a 125 GeV.

Ci deve essere per forza qualcosa. Forse ci sono altre particelle massicce, oltre a quelle conosciute del Modello Standard, che gli volteggiano attorno e ne cancellano gli effetti. Oppure c'è qualche altro meccanismo in azione che lo protegge da questa deriva inarrestabile.

In un modo o nell'altro il bosone di Higgs sembra nasconderci ancora molti segreti.

6.
Astri splendenti e stelle nere

Curiosità e desiderio di conoscenza sono alla base della ricerca scientifica. La curiosità umana è forse qualcosa di innato, un prodotto dell'evoluzione che ha dotato le scimmie antropomorfe di uno strumento per indagare l'ambiente circostante e meglio sfruttarne le potenzialità. Basta parlare con un gruppo di bambini degli argomenti più complicati, come funziona un aereo o da dove proviene la luce del sole, per scoprire i percorsi inusuali che le menti più giovani e flessibili sono capaci di percorrere e il piacere con cui lo fanno.

D'altro canto i miti ci raccontano questa voglia di conoscere come una pulsione irrefrenabile, così irresistibile da provocare talvolta la più terribile delle catastrofi. Adam, il primo uomo, rompe la magia dell'Eden per assaggiare il frutto dell'albero proibito. È pienamente consapevole che violando il tabù rinuncerà alla vita eterna e sarà condannato alla sofferenza e alla morte, ma l'impulso a mordere il frutto interdetto è più forte di ogni precetto divino.

Il concetto si ripresenta nel mito omerico delle Sirene, creature mitologiche dal volto di donna e dal corpo di uccello. Il loro canto ammaliatore causa la rovina dei naviganti, ma quando esse si rivolgono a Ulisse, costui non resiste all'idea di avvicinarsi agli scogli pericolosi su cui abitano.

"Qui, presto, vieni, o glorioso Odisseo, grande vanto degli Achei, / ferma la nave, la nostra voce a sentire. / Nessuno mai si allontana di qui con la sua nave nera, / se prima non sente, suono di miele, dal labbro nostro la voce; / poi pieno di gioia riparte, e conoscendo più cose. / Noi tutti sappiamo, quanto nell'ampia terra di Troia / Argivi e Teucri patirono per volere dei numi; / tutto sappiamo quello che avviene sulla terra nutrice" (*Odissea*, XII, vv. 184-191).

La critica ha spesso evidenziato la forza di seduzione del canto delle Sirene come elemento irresistibile dell'attrazione fatale. Ma il testo dell'*Odissea* è esplicito nel sottolineare l'elemento della conoscenza: "tutto sappiamo quello che avviene sulla terra nutrice".

È la passione per il sapere che spinge Ulisse a sfidare la sorte. Il concetto era già stato sviluppato da Cicerone che, nel suo dialogo filosofico *I confini del sommo bene e del sommo male*, scriveva: "Non erano la soavità delle loro voci o la varietà e la novità dei loro canti ad attirare i naviganti che passavano di lì, ma il fatto che dichiaravano di conoscere molte cose, così che gli uomini rimanessero presso i loro scogli spinti dalla propria passione per l'apprendimento".

Il desiderio di conoscere come una pulsione irrefrenabile si ritrova nell'etimologia della parola "desiderio", che pure ha dato adito a interpretazioni diverse, talora in contrasto fra loro. Dal latino *de-sidera*, percepire il distacco dalle stelle, significherebbe non avere punti di riferimento, avvertire un bisogno disperato di colmare questa lacuna che ci fa sentire perduti, fragili. In alcune accezioni è il sentimento che nasce dalla sofferenza della separazione dal mondo degli astri. È ricerca spasmodica e disperata di qualcosa che colmi questa lacerazione. Di ritrovare in noi quel minuscolo frammento di stelle che ci ricongiunga con il cosmo, che crei un ponte fra la materia terrestre, vile e corruttibile nella quale si svolgono le nostre esistenze, e il mondo eterno e immutabile delle sfere celesti.

È una vecchia storia, che si ripete ogni anno, quando milioni di umani stanno con il naso all'insù, nelle chiare notti estive, verso il 10 agosto. Cercano nel buio le *stelle cadenti* e quando vedono la piccola scia lasciata da una meteora delle Perseidi, congratulandosi fra loro, si ripetono l'antico augurio: "Esprimi un desiderio! Sarà esaudito".

Vedremo tra poco che, in effetti, i legami materiali che

ci uniscono agli astri sono molto più stretti di quanto non potessimo immaginare fino a qualche tempo fa e che ogni singola cellula del nostro corpo contiene elementi nati nel cuore di stelle gigantesche, scomparse da tempo immemorabile. Ma di cosa sono fatte veramente le stelle? Che relazione materiale c'è fra noi, la Terra che abitiamo e quello che succede in quegli astri luminosi?

Cosa sono le stelle

La materia delle stelle si presenta in una forma diversa da quella abituale. Quello che ci circonda è fatto di atomi elettricamente neutri, con i protoni positivi del nucleo pari in numero agli elettroni negativi che gli ruotano attorno. Le stelle invece sono enormi concentrazioni di gas ionizzato, un nuovo stato della materia chiamato *plasma*. Il termine deriva dal greco e ha la stessa origine del verbo "plasmare", a indicare qualcosa che non ha una forma prestabilita, ma si può modellare.

Il plasma è un gas nel quale gli atomi hanno perso uno o più elettroni e sono diventati elettricamente carichi. Assieme a loro si muove la nuvola degli elettroni strappati agli atomi, per cui il volume occupato dal plasma rimane elettricamente neutro. La materia delle stelle si trova quindi in uno stato diverso rispetto a quelli solido, liquido e aeriforme di cui abbiamo parlato prima.

Le proprietà di questo quarto stato della materia ci sono sfuggite per molto tempo perché nella nostra esperienza quotidiana il plasma si presenta in forme piuttosto sfuggevoli: la più comune sono i fulmini. La differenza di potenziale elettrico che scatena la folgore di un temporale strappa gli elettroni alla colonna di molecole d'aria presente fra la nuvola e il terreno. Il fulmine è proprio questo canale di plasma, gas surriscaldato e ionizzato, che è un ottimo conduttore di elettricità.

È plasma anche il gas ionizzato che fa funzionare i tubi al neon delle insegne commerciali o le piccole celle di alcuni grandi televisori a schermo piatto, detti appunto al plasma, ed è ampiamente usato nell'industria dei semiconduttori per trattare le superfici. Se ne studiano le proprietà per produrre centrali a fusione nucleare o per trovare nuovi metodi per accelerare fasci di particelle.

L'universo è pieno di plasma. Questa forma materiale composta da particelle cariche che si muovono in modo libero e indipendente è altamente reattiva, può condurre elettricità e generare forti campi magnetici.

Le stelle sono enormi concentrazioni sferiche di plasma, al cui interno la pressione dovuta alla gravità ha innescato reazioni nucleari che generano energia. Ogni stella è un campo di battaglia nel quale si scontrano due forze fondamentali della natura. La più debole fra tutte, l'attrazione gravitazionale, agendo silenziosamente per centinaia di milioni di anni, è riuscita a concentrare una quantità immensa di atomi di idrogeno ed elio. I gas primordiali, i cui nuclei sono stati prodotti subito dopo il Big Bang, si sono ammassati attorno alle regioni dove si è creata una piccola fluttuazione di densità.

Via via che l'enorme sfera diventa più massiccia, il gas degli strati più interni, schiacciato dall'immensa forza di attrazione, si surriscalda e ionizza, cioè diventa plasma. Ma nulla riesce a sfuggire alla morsa della gravità che continua a premere provocando pressioni e temperature abnormi. Quando si superano i dieci milioni di gradi si innescano le reazioni della fusione nucleare.

Come ogni stella il Sole è composto principalmente da nuclei di idrogeno che si fondono a formare nuclei di elio. Questi ultimi hanno una massa inferiore alla somma delle masse dei reagenti per cui nel processo si libera un'immensa quantità di energia. Gli strati più interni, surriscaldati, ricevono una spinta verso l'esterno e per milioni o miliardi di anni, a seconda delle condizioni, si instaura un equilibrio tra la forza di gravità che tende a sbriciolare la stella e la forza forte, che innesca le reazioni termonucleari che portano a espanderla.

L'energia prodotta nella fusione è emessa sotto forma di

neutrini e fotoni. I primi, leggeri come sono e poco propensi a interagire, sfuggono immediatamente alla presa e si allontanano dalla stella viaggiando per l'intero universo. I fotoni invece rimangono imprigionati a lungo nel plasma ad alta densità che forma il cuore della stella, riuscendo a sfuggire solo con grande fatica e dopo infinite peripezie. Quando ce la fanno, un nuovo astro risplende in cielo e illumina con i suoi raggi benefici tutto l'ambiente circostante.

La luce emessa dipende dalla temperatura della superficie, che è sempre alta, ma impallidisce rispetto ai molti milioni di gradi degli strati più interni. Le stelle più *fredde*, per così dire, hanno temperature alla superficie di alcune migliaia di gradi e la loro luce è rossastra. Gli astri più caldi, quelli che superano le decine di migliaia di gradi, emettono invece luce blu.

L'universo è popolato da una miriade di stelle, in numero molto maggiore di quelle visibili a occhio nudo. Se ci allontaniamo dalle luci delle città, in condizioni di buona visibilità, per esempio in alta montagna e in una notte serena, riusciamo a vederne alcune migliaia. Molte non vivono isolate, come il nostro Sole. Circa la metà ha una compagna, fa parte cioè di un sistema binario, o ne ha più di una. Quasi tutte dovrebbero essere circondate da un sistema planetario più o meno complesso.

Le dimensioni delle stelle possono variare enormemente. Le più piccole, per essere in grado di innescare reazioni termonucleari dovrebbero avere una massa di almeno un decimo di quella solare. Le più grandi hanno masse mostruose, sono un centinaio di volte più massicce della nostra stella-madre. Poiché i mastodonti della categoria hanno una densità molto bassa, le loro dimensioni risultano impressionanti. Rigel, una supergigante blu visibile anche a occhio nudo nella costellazione di Orione, ha un raggio stimato pari alla metà della distanza Terra-Sole. Ma risulta una piccola stella insignificante accanto a UY Scuti, una supergigante rossa vicina al centro della nostra galassia che ha un raggio pazzesco. Se fosse collocata al centro del nostro sistema solare sfiorerebbe l'orbita di Saturno.

Il lato turbolento del Sole

L'astro che illumina i nostri giorni è una stella di grandezza medio-piccola. Seppure, rispetto alla Terra, sia un corpo celeste enorme, viene classificato come una *nana gialla* perché ha una temperatura superficiale attorno ai seimila gradi ed emette luce principalmente nell'intervallo giallo-verde, pur coprendo tutte le frequenze del visibile e parte dell'infrarosso.

Il plasma che lo compone è formato per circa tre quarti di idrogeno, un quarto di elio e una piccola percentuale di elementi pesanti. È nato circa 4,5 miliardi di anni fa da una gigantesca nuvola di gas e polveri che ruotava su se stessa, formatasi tra i grandi bracci di Perseo e del Sagittario della nostra galassia. Raffreddandosi, ha finito per collassare. Quando la gravità prevalse sulla spinta all'espansione si formò un ampio disco di gas e polveri che ruotava attorno al centro, dove si concentrava una notevole quantità di idrogeno gassoso. Nasceva una nebulosa solare e tutt'attorno si intravedevano già, nel disco di accrescimento, altri centri di aggregazione minori, quelli che avrebbero dato origine ai grandi pianeti gassosi del nostro sistema solare. Nel momento in cui la pressione gravitazionale all'interno del corpo centrale innescò le reazioni nucleari nacque una nuova stella.

La lenta rotazione del grande disco di gas e polveri da cui è nato il Sole è all'origine del moto di rotazione su se stesso evidente ancora oggi. Non essendo un corpo rigido, l'enorme palla di plasma incandescente non ha un periodo di rotazione costante. Per compiere un giro completo impiega meno tempo all'equatore rispetto ai poli, dove il moto è più lento. Il nucleo compatto che si trova all'interno, quello nel quale avviene la maggior parte delle reazioni nucleari, è molto più rapido. Il suo periodo di rotazione è di una settimana circa.

Particelle cariche che ruotano producono campi magnetici e non ci si deve stupire che il Sole ne sia avvolto. Qui entra in gioco la complessità del ruolo del plasma. Poiché le velocità di rotazione sono diverse all'equatore e ai poli, il campo magnetico trascinato dal plasma solare mostrerà notevoli perturbazioni. Inoltre, all'interno del Sole, il plasma è sottoposto a imponenti moti convettivi radiali: enormi porzioni di plasma incandescente risalgono verso la superficie sotto la spinta dell'immenso calore emanato dal nucleo. Questi movimenti producono altri campi magnetici, che si sovrappongono a quelli generati dai moti rotazionali. A loro volta i moti del plasma vengono modificati dalle forze che nascono quando particelle cariche si muovono in un campo magnetico.

Ne nasce un sistema quasi caotico, che sviluppa fenomeni turbolenti all'interno di cicli periodici piuttosto stabili. Le macchie solari sono uno di questi. Si tratta di regioni della superficie solare che si differenziano dalle zone circostanti per una temperatura minore e una forte intensità di campo magnetico locale. L'attività magnetica è tale da rallentare l'alimentazione di plasma incandescente dagli strati sottostanti, per cui la temperatura della zona si abbassa di oltre mille gradi. La parte interessata continua a emettere luce, ma in proporzione molto inferiore rispetto alle zone circostanti, perciò si presenta come una macchia scura. Le macchie solari possono coprire superfici di dimensione pari a due volte quella terrestre e perdurano in genere alcune settimane, prima di essere riassorbite e rientrare nella normalità.

Il numero di macchie solari che compaiono sul Sole è un indicatore dell'attività solare e ha un andamento ciclico, con un massimo che viene raggiunto, in media, ogni undici anni. La dinamica di questo meccanismo non è ancora compresa appieno, così come non ci sono a oggi modelli dettagliati per descrivere le eruzioni solari e la formazione di protuberanze.

I brillamenti, o eruzioni solari, sono impressionanti rilasci di energia che si ritiene nascano dalla riconnessione di linee di forza dei campi magnetici, fortemente perturbati, che si sviluppano alla superficie del Sole. Spesso si presentano nelle vicinanze di macchie solari e compaiono più di frequente al culmine del ciclo dell'attività solare. L'emissione di grandi quantità di plasma nello spazio può comportare fortissimi venti solari: sciami di particelle ionizzanti espulse a grande velocità che possono raggiungere la Terra, interferire con il campo magnetico e penetrare l'atmosfera. Sono fenomeni particolarmente pericolosi per le reti elettriche e le telecomunicazioni, perché in grado di compromettere irreparabilmente i satelliti che orbitano attorno al nostro pianeta e, nei casi più gravi, causare persino danni biologici agli organismi viventi.

Uno degli eventi più spettacolari, il primo che attirò l'attenzione degli scienziati, venne registrato oltre un secolo fa. È ricordato come Evento di Carrington, dal nome dell'astronomo britannico Richard Carrington che lo osservò, piuttosto per caso, il 1° settembre 1859. La violenta eruzione solare che lo generò produsse uno sciame di particelle cariche che raggiunse presto la Terra, con conseguenti aurore boreali visibili fino alle latitudini di Roma o di Cuba. La tempesta geomagnetica nata dall'interazione con il campo magnetico terrestre mandò in tilt le linee telegrafiche. Se oggi avvenisse un evento della stessa violenza, causerebbe black out elettrici in molti continenti e danneggerebbe, forse in maniera irreversibile, circa la metà dei satelliti che usiamo per le telecomunicazioni.

Ai brillamenti si accompagnano spesso anelli e protuberanze solari, emissioni di grandi quantità di plasma sotto forma di archi o filamenti, che possono propagarsi per centinaia di migliaia di chilometri. Insomma, il nostro Sole nasconde ancora parecchi misteri. Molti dettagli della sua attività e l'origine dei suoi cicli periodici ci sono ancora ignoti. Non sappiamo il meccanismo che produce la sua corona, questa enigmatica guaina di gas e particelle estremamente energetiche, che si estende nello spazio per centinaia di migliaia di chilometri e la cui temperatura può superare il milione di gradi. Non conosciamo l'origine di brillamenti e protuberanze solari, anche se il principale sospettato è sempre il complicatissimo campo magnetico del Sole e le sue multiformi interazioni con il materiale incandescente che lo costituisce. L'unica stella che possiamo studiare da vicino continua a mostrarci aspetti sorprendenti. Sotto l'aspetto pacifico e rassicurante del placido Sole si nascondono spaventose turbolenze.

La visione notturna delle stelle ha ispirato i poeti di ogni civiltà e ha placato da sempre le nostre inquietudini. Ma quando osserviamo nel dettaglio questi astri meravigliosi scopriamo ambienti dominati da catastrofi di dimensioni inimmaginabili. Eppure è ancora nulla rispetto ai fenomeni che si scatenano quando le stelle giungono al termine della loro esistenza.

La fine spettacolare di una stella tranquilla

Il destino di una stella è scritto nella sua taglia e nei particolari della sua composizione. La durata della sua vita dipende dal tipo e dalla rapidità delle reazioni termonucleari che avvengono al suo interno.

Le prime stelle che si sono accese nell'universo primordiale erano molto diverse da quelle che brillano oggi nel nostro firmamento. Sono state chiamate *megastelle*, proprio perché si trattava di astri giganteschi, centinaia di volte più massicci del nostro Sole, e costituiti solamente da idrogeno ed elio, gli unici elementi disponibili. Il combustibile nucleare di stelle così grandi si consuma più rapidamente, perché l'enorme quantità di materiale esercita una tale pressione sugli strati più interni da portare il nucleo a temperature spaventose. Nelle stelle più pesanti si supera di gran lunga il miliardo di gradi. In queste condizioni le reazioni di fusione nucleare procedono a grande velocità e il combustibile disponibile si esaurisce nel giro di pochi milioni di anni. Le prime stelle vivevano esistenze effimere rispetto ai miliardi di anni delle stelle di generazioni successive, come il nostro Sole.

Quando le temperature del nucleo sono così elevate le reazioni di fusione coinvolgono tutti gli elementi. Non appena si esauriscono idrogeno ed elio, cominciano a fondere gli elementi più pesanti: carbonio, azoto e ossigeno. Quando si arriva alla fusione di nuclei di silicio e si genera il ferro, il processo si ferma. Non sono possibili reazioni ulteriori e il cuore della stella collassa catastroficamente. Le nubi di gas residuo, ricche di elementi pesanti, vengono espulse a grande velocità e raggiungono notevoli distanze. È da loro che nascono altre stelle, ad alimentare ulteriormente il processo.

Il nostro Sole è stato preceduto da molte generazioni di astri che, morendo, hanno arricchito la nebulosa originaria di idrogeno ed elio, ma anche degli elementi pesanti che si sono aggregati a formare pianeti rocciosi. Non ci sarebbero Terra, né acqua, né aria, né forme viventi basate sul ciclo del carbonio, senza questa sequenza interminabile di vita e morte delle stelle. Ogni atomo del nostro corpo è il risultato di tale lungo processo. I nuclei del ferro dell'emoglobina, del calcio delle ossa, dell'ossigeno e del carbonio delle molecole organiche che compongono i tessuti di cui siamo fatti, provengono tutti dalle immense fornaci nucleari che hanno preceduto il Sole.

Cacciando Adam dal Paradiso terrestre, il Dio della Bibbia lanciò il più famoso degli anatemi: "Polvere sei e polvere ritornerai". La terribile condanna alla mortalità e alla sofferenza ci potrà forse apparire meno amara se prenderemo coscienza che, sì, siamo polvere, ma, per la precisione, polvere di stelle. Qualcosa di profondo ci unisce agli astri più luminosi che costellano il cielo notturno.

Gli scienziati ritengono che il nostro Sole si trovi nel fior fiore degli anni, grosso modo a metà della sua esistenza, e che possa brillare ancora per quattro o cinque miliardi di anni. Le stelle nane, come il Sole, sono fortunate, perché il loro combustibile nucleare brucia così lentamente che possono vivere molto a lungo. Tuttavia anche per loro arriva, prima o poi, il momento della fine.

Nelle ultime fasi del suo ciclo di vita, dopo aver bruciato tutto l'idrogeno del nucleo, il Sole si gonfierà a dismisura trasformandosi in una gigante rossa. Quando le reazioni nucleari cesseranno, la forza di gravità lo schiaccerà e lo farà contrarre. Compresso in un volume più piccolo, il nucleo si surriscalderà e accenderà reazioni nucleari nel guscio di plasma che lo circonda. L'aumento di temperatura produrrà reazioni che si susseguiranno a velocità forsennata. La stella diventerà centinaia di volte più luminosa, anche se la luce emessa sarà più rossa. Per cercare di disperdere l'immenso calore che lo agita, il Sole morente si dilaterà, espandendo a dismisura i suoi strati più esterni. Fra cinque miliardi di anni, o giù di lì, si gonfierà di centinaia di volte, finendo per vaporizzare tutti i pianeti interni, compresa la Terra.

L'evento non deve destare troppa preoccupazione, perché quando questo avverrà il nostro pianeta non ospiterà più, da tempo, alcuna forma di vita. A sparire in una nuvola di gas sarà una landa infuocata. L'acqua degli oceani e l'atmosfera terrestre saranno già state strappate via dal vento solare e dall'aumento spaventoso di luminosità del Sole.

La fase successiva non è meno spettacolare. La grande stella rossastra brillerà ancora per molto tempo, forse un miliardo di anni, poi, quando il combustibile del guscio sarà esaurito, il nucleo si contrarrà ulteriormente fino a stabilizzarsi su un diametro simile a quello della Terra. A quel punto il Sole sarà diventato una *nana bianca*, una stella in miniatura, un puntino poco luminoso al centro di un immenso involucro di gas e polveri.

Abbiamo appena descritto la fine delle stelle che hanno masse inferiori o simili a quella del Sole. Poiché la stragrande maggioranza degli astri conosciuti appartiene a questa categoria, diventare una nana bianca sarà il destino del 97% delle stelle della nostra galassia.

Il nome richiama le dimensioni minuscole del piccolo corpo celeste, giunto ormai alle fasi finali della sua esistenza. La luce che emana è bianca, perché copre tutte le frequenze del visibile, ma non deriva più dalle reazioni nucleari, ormai cessate per sempre, ma da altri meccanismi.

Nonostante abbia le dimensioni di un pianeta, la sua massa è enorme; contiene ancora circa la metà della materia che componeva il Sole, il che significa che la sua densità è molto elevata. Se potessimo prelevare da una nana bianca una piccola porzione di materia, pari per esempio a un cucchiaino da tè, ci vorrebbe un grosso Tir per trasportarla, perché peserebbe alcune tonnellate.

La materia che la compone è fatta di nuclei inerti, carbonio e ossigeno, ultimi prodotti delle reazioni nucleari del Sole, mescolati a un gas di elettroni. La pressione gravitazionale è così furibonda che tutto risulta talmente compattato da far entrare in gioco effetti quantistici.

La densità di materia nel cuore della mini-stella sale così tanto che troppi elettroni si affollano negli stessi punti. Per il principio di esclusione di Pauli essi non possono trovarsi nella stessa posizione di altri fermioni, perché avrebbero il medesimo numero quantico. Se stanno in una determinata porzione di spazio, che risulta già popolata da altri elettroni, devono acquistare velocità per entrare in uno stato quantico più energetico. Maggiore è il numero di elettroni che vanno ad aggiungersi nella stessa posizione, tanto più alta è la velocità che devono acquistare i nuovi arrivati.

In questo modo il gas di elettroni guadagna energia, via via che la densità aumenta, e finisce con l'esercitare una pressione che contrasta ogni ulteriore contrazione. Quando la spinta all'espansione, dovuta alla pressione degli elettroni, eguaglia la compressione dovuta alla gravità, le dimensioni del piccolo corpo celeste si stabilizzano. Tutto ciò dimostra, ancora una volta, che la meccanica quantistica non solo ci fornisce la chiave per capire il comportamento della materia su scala microscopica, ma è indispensabile anche per comprendere la dinamica del mondo macroscopico. Senza di essa sarebbe impossibile capire quello che succede a miliardi di stelle giunte al termine della loro esistenza. La pressione che impedisce alle nane bianche ogni ulteriore riduzione di volume, che nasce dal principio di esclusione di Pauli, si chiama *pressione di degenerazione* e la strana materia che le compone viene indicata con il nome di *materia degenere*.

L'equilibrio che governa le dimensioni della nana bianca che nascerà dalla morte del Sole potrà durare centinaia di miliardi di anni. Appena formata, la mini-stella avrà una temperatura superficiale superiore ai cento milioni di gradi ed emetterà fotoni nello spazio circostante per irraggiamento. Lentamente, molto lentamente, la sua temperatura si ridurrà e arriverà il momento in cui non sarà più un oggetto luminoso. Il suo destino è diventare una *nana bruna*, un oggetto minuscolo e scuro, troppo freddo per irraggiare, che attraverserà, inosservato, le tenebre più profonde. Ma potrebbero occorrere centinaia di miliardi di anni, un tempo assai più lungo della vita attuale dell'universo.

Supernove e stelle di neutroni

La sorte delle stelle più massicce è, se possibile, ancora più spettacolare; quasi a voler compensare, con un finale formidabile, un'esistenza molto più breve di quella delle sorelle di taglia inferiore.

Una stella gigante, pesante dieci volte più del Sole, vive molto di meno, perché le reazioni nucleari che avvengono nel nucleo sono estremamente veloci e tutto fonde più rapidamente. Così come per le megastelle, l'altissima temperatura degli strati interni innesca una complicata catena di reazioni nucleari che coinvolge elementi via via più pesanti. Poi, di colpo, quando si arriva al ferro, tutto si ferma. A quel punto il nucleo centrale implode. Schiacciato dall'immensa forza di gravità che non è più contrastata dal calore, esso collassa catastroficamente. Rimpicciolisce di migliaia di volte e tutti gli strati sovrastanti si trovano sospesi nel vuoto. Privi di sostegno, attratti verso il centro dalla massa ancora imponente del nucleo, precipitano verso il piccolo corpo compatto. L'urto è devastante e scatena ulteriori reazioni nucleari che fanno a pezzi la stella in un lampo abbagliante di luce. Abbiamo appena assistito all'esplosione di una *supernova*, uno degli eventi più catastrofici dell'universo.

Il termine è un rafforzativo di *nova*, l'aggettivo latino che si usava per indicare la nascita di un nuovo astro. Gli astronomi del passato, vedendo comparire una nuova luce, immaginavano fosse nata una stella. Il termine è rimasto, anche se oggi sappiamo che quei bagliori, all'opposto di quanto si pensava, segnalano l'agonia di una grande stella.

In un intervallo di tempo che può andare da qualche settimana a qualche mese, una supernova emette l'energia che il Sole irraggerà nel corso della sua intera esistenza. L'esplosione espelle la maggior parte del materiale che costituiva la stella-madre. Una massa enorme di gas e polveri, equivalente a molte masse solari, si diffonde nel mezzo interstellare a velocità che possono raggiungere un decimo di quella della luce. Le immense quantità di materiale che si muovono così rapidamente producono un'imponente onda d'urto, che innesca a sua volta altri fenomeni. Ma la cosa più strabiliante è quello che avviene in ciò che resta del nucleo.

In questa piccola regione si concentra ancora una massa grande circa una volta e mezza quella del Sole. La forza di gravità è così potente che la pressione degli elettroni che teneva in equilibrio le nane bianche non funziona più. Per compensare la spinta alla contrazione, gli elettroni che si agitano per non violare il principio di esclusione di Pauli dovrebbero, in questo caso, muoversi a velocità superiori a quella della luce. Poiché questo non è possibile, avviene un cambiamento di stato. I nuclei si spappolano riducendosi a una poltiglia di protoni e neutroni fra i quali si aggirano, velocissimi, gli elettroni. Ma la gravità, che ormai nessuno riesce più a contrastare, fonde elettroni con protoni e li trasforma in neutroni. La reazione libera un enorme flusso di neutrini che corrono veloci ad annunciare all'universo intero la fine della grande stella. In poche decine di secondi il diametro del nucleo si è contratto da alcune migliaia di chilometri a qualcosa come dieci chilometri. È nata una *stella di neutroni*.

Si tratta di piccolissimi oggetti astronomici assimilabili a un immenso nucleo atomico, fatto soprattutto di neutroni e tenuto insieme dalla gravità. La loro densità è spaventosa, cento milioni di volte superiore a quella della materia degenere delle nane bianche, e il loro calore è altissimo, circa dieci milioni di gradi. In questo caso neanche le parti più solide della crosta terrestre sarebbero in grado di reggere il peso di un cucchiaino da tè pieno della materia che costituisce una stella di neutroni.

Il processo che le tiene assieme somiglia a quello delle nane bianche. In questo caso sono i neutroni a esercitare la pressione che contrasta la morsa della gravitazione. Avendo spin frazionario anche loro sono fermioni, e quando vengono confinati in uno spazio troppo ristretto aumentano la velocità e producono la spinta all'espansione che tiene in equilibrio il piccolo corpo ultra-compatto. Anche le stelle di neutroni sono fatte di materia degenere, molto più densa e compatta rispetto a quella delle nane bianche.

Non sappiamo bene cosa avviene nel cuore di questi corpi celesti così stravaganti. Al di sotto di una crosta durissima, che si suppone spessa un paio di chilometri, si dovrebbe trovare quella specie di *pasticcio di neutroni* che produce la pressione degenere. Negli strati più interni e più densi del nucleo si ipotizza la presenza di concentrazioni di materia ancora più esotica: particelle sub-atomiche strane o plasma di quark e gluoni, stati simili a quelli registrati negli acceleratori di particelle, o addirittura gusci di quark. Ma al momento sono solo speculazioni.

Le stelle di neutroni ruotano furiosamente su se stesse. L'origine di questo movimento nasce dal moto attorno al proprio asse della stella-madre. Per la legge della conservazione del momento angolare, quando la grande stella implode, la velocità di rotazione deve necessariamente aumentare. Un po' come accade al pattinatore sul ghiaccio che aumenta la velocità di rotazione su se stesso quando raccoglie le braccia. Poiché la riduzione di dimensioni è impressionante, tale risulta anche l'aumento di velocità. Se comprimessimo il Sole, con il suo periodo di rotazione di circa un mese, in una sfera di dieci chilometri di diametro, farebbe più di mille giri al secondo. E in effetti si sono trovate stelle di neutroni che ruotano su se stesse decine o centinaia di volte al secondo. Con il tempo, a causa dell'energia emessa durante la rotazione, la velocità si riduce.

Con l'implosione della stella-madre anche il campo magnetico iniziale, concentrato ora su un volume enormemente più piccolo, viene amplificato a dismisura. Le stelle di neutroni sono accompagnate da campi magnetici miliardi di volte superiori a quello terrestre. Alcuni sono talmente spropositati che sarebbero letali per gli umani già a distanza di migliaia di chilometri.

Quando l'asse magnetico non coincide con il suo asse di rotazione, la stella di neutroni emette dai poli un potente fascio di onde elettromagnetiche. Vista da un osservatore sulla Terra somiglia a una specie di radio-faro che manda segnali a intervalli regolari, ogni volta che il cono di radiazione investe il nostro pianeta. È il comportamento delle *pulsar*, contrazione di *pulsating radio source*, sorgenti radio pulsanti, come venivano chiamate prima di capire che si trattava di stelle di neutroni. Le loro emissioni radio sono così regolari che, in un primo momento, gli astronomi avevano addirittura pensato che potessero essere prodotte da civiltà aliene.

Ma questi astri così particolari ci hanno fatto un regalo ancora più importante. Grazie a loro si è risolto un mistero sul quale gli scienziati si arrovellavano da decenni. Abbiamo visto in precedenza che sono state le esplosioni di supernove ad arricchire le porzioni di universo circostanti di elementi metallici. Ma le reazioni nucleari si fermano al ferro. Rimaneva da capire da dove fossero venuti oro, platino, piombo, su su fino all'uranio, cioè gli elementi più pesanti della tavola periodica. Sappiamo che non si possono formare all'interno delle grandi fornaci in funzione nel cuore delle grandi stelle. Insomma, chi ha prodotto l'oro che ha adornato re, guerrieri e principesse fin dai tempi più remoti?

La risposta ci è stata data dall'astronomia multimessaggera. Si chiama così la nuova disciplina nella quale lo stesso fenomeno astronomico è studiato usando tutti i segnali emessi nel processo. Nel caso specifico, alle 12.41 del 17 agosto 2017 i grandi apparati di Ligo e Virgo avevano rivelato un segnale di onde gravitazionali dovuto alla fusione di due stelle di neutroni. Lo stesso fenomeno, due secondi dopo, aveva prodotto un forte lampo gamma, fotoni di altissima energia, rivelato da Fermi, un satellite dedicato all'astrofisico che orbita attorno alla Terra. Puntando in quella direzione tutti i loro telescopi gli astronomi hanno potuto studiare il fenomeno usando l'intera gamma di frequenze: dalla luce visibile ai raggi X, dagli infrarossi alle onde radio.

La zona dove è avvenuta la collisione è stata tenuta sotto osservazione per mesi, e quando gli astronomi hanno analizzato la nube di detriti prodotta dall'evento vi hanno riscontrato segni inequivocabili della presenza di elementi pesanti. Le stime parlano di una nuvola contenente quantità di oro e platino pari a dieci masse terrestri. Insomma, si sapeva che piccole quantità di metalli pesanti si potevano produrre durante le esplosioni di una supernova, ma ora si aveva la prova di una produzione molto più rilevante. È grazie alla collisione fra stelle di neutroni che la nebulosa dalla quale ha avuto origine il nostro sistema solare si è arricchita di questi metalli di cui ora ritroviamo traccia nelle parti superficiali della crosta terrestre che riusciamo a sfruttare come miniere.

In definitiva resta vero che siamo *figli delle stelle*, ma è grazie alle stelle di neutroni e alle loro collisioni se da tempo immemorabile possiamo adornarci dei metalli preziosi che ancora oggi ci incantano.

Buchi neri

Quando muoiono stelle di massa veramente spropositata avviene un fenomeno ancora più sorprendente. Se, dopo l'esplosione in supernova, il nucleo residuale supera le tre masse solari, neanche il pasticcio di neutroni riesce a conservare l'equilibrio. La morsa della gravità è così implacabile che sbriciola i neutroni stessi, riducendo in poltiglia anche i quark e i gluoni che li costituiscono: dalla morte della stella nasce un *buco nero*.

I buchi neri sono oggetti davvero stravaganti. Per decenni si è pensato che non esistessero, che fossero semplici curiosità matematiche. E in effetti nessuno poteva immaginare un meccanismo fisico capace di concentrare in uno spazio così ristretto una massa talmente grande da impedire alla luce di sfuggire. La velocità di fuga dalla Terra, quella dei razzi che mettono in orbita i satelliti, è di 11 km/s. Per liberarsi definitivamente dell'attrazione del Sole e sfuggire al suo campo gravitazionale ci si deve muovere a più di 600 km/s.

Ma se ti avvicini troppo a un buco nero sei intrappolato per sempre, perché la velocità di fuga supera quella della luce e nulla, neppure un fotone, riesce a sfuggire alla morsa della sua gravità.

In realtà non sono "buchi", cioè zone vuote di materia. Al contrario, sono punti nei quali la densità di materia esplode. Si chiamano "neri", perché neanche la luce riesce a sfuggire al loro campo gravitazionale. I fotoni, le più leggere e veloci fra le particelle, quando provano ad allontanarsi, finiscono per ricadere, come sassi lanciati per aria, nel buio più profondo.

Nessuno è in grado di spiegare quale forma assume la materia inghiottita da un buco nero. Lo spazio a disposizione è talmente piccolo che non sarebbe sufficiente a contenerne la massa neanche se tutto fosse ridotto a una poltiglia di quark impacchettati strettamente fra loro. La questione dell'organizzazione della materia nei buchi neri sfiora concetti talmente incredibili da rasentare l'assurdo.

Per esempio, immaginiamo di penetrare all'interno del Sole senza riportare danni: sentiremmo un indebolimento dell'attrazione gravitazionale via via che ci avviciniamo al centro. Lasciandoci alle spalle la parte di massa concentrata nei gusci esterni, la forza di gravità si ridurrebbe; quando si arriva al centro sarebbe nulla. Nei buchi neri avviene l'opposto. A mano a mano che ci si avvicina al cuore dello strano oggetto, la forza di attrazione aumenta; diventa mostruosamente grande quando ci si trova a una distanza infinitesima dal suo centro.

I buchi neri non sono grandi palle di materia come le altre stelle, al contrario, sono sfere vuote che circondano una *singolarità gravitazionale*, cioè una regione di densità tendenzialmente infinita. Sono regioni dello spazio-tempo nelle quali tutta la materia è concentrata in un punto. Ma il campo gravitazionale che producono è così intenso che quel vuoto, quella specie di astro fatto di pura geometria, è talmente intriso di energia da produrre effetti devastanti su tutto ciò che lo avvicina.

Negli ultimi anni si è scoperto che i buchi neri sono oggetti astronomici reali, che popolano il nostro universo. Ne sono state identificate molte decine, soprattutto da quando siamo riusciti a registrare le onde gravitazionali emesse dalla loro fusione. Oggi si pensa che, per quanto molto più rari rispetto alle stelle ordinarie, la loro popolazione sia numericamente rilevante. Costituiscono un'intera nuova classe di corpi celesti, con caratteristiche assai particolari.

Molto recentemente si è visto che oltre ai buchi neri stellari, che si ritiene nascano dalla morte delle grandi stelle, esistono dei veri e propri mostri con masse così spropositate da escludere a priori che possano essersi formati da una stella. Sono i *buchi neri super-massicci*, come Sagittarius-A*, che si trova al centro della nostra Via Lattea e che pesa quanto quattro milioni di Soli. Ce ne sono addirittura alcuni che concentrano in un punto la massa di un'intera piccola galassia: miliardi di stelle. Le loro dimensioni sono talmente spropositate che non si ha idea di come si siano formati.

I buchi neri super-massicci, di massa compresa fra un milione e dieci miliardi di masse solari, si trovano al centro di quasi tutte le galassie e, in qualche caso, danno spettacolo. Si vedono nuclei di galassie che emettono potentissimi fiotti di radiazione in tutte le lunghezze d'onda, lampi di luce, onde radio, raggi X e gamma. Talvolta eruttano enormi filamenti di materia che si propagano nello spazio circostante per decine o centinaia di anni luce. Sono i buchi neri super-massicci a produrre alcuni tra i fenomeni più energetici e sorprendenti del cosmo.

I buchi neri non sono *pozzi senza fondo* da cui non esce nulla, come abitualmente vengono descritti. Quando una stella o una nube di gas si avvicina troppo, la materia comincia a lacerarsi e a precipitare verso il buco nero. Avvicinandosi spiralizza e forma un grande disco di accrescimento, che diventa subito luminoso perché irraggia su varie lunghezze d'onda. I frammenti sbriciolati urtano fra loro, l'attrito li surriscalda e tutto si ionizza. Il plasma, che ruota vorticosamente attorno al centro di attrazione, produce forti campi magnetici, i quali a loro volta interferiscono con il movimento dei nuovi brandelli di materia che si precipitano verso il buco nero.

Non si conosce ancora con precisione il meccanismo che li alimenta, ma compaiono spesso enormi getti di particelle cariche, emesse dal buco nero in direzione degli assi polari. Nei getti prodotti da buchi neri super-massicci sono state misurate velocità paragonabili a quelle della luce e si sono osservati grandi filamenti di materia che si allontanano dalla galassia madre per milioni di anni luce. In questo modo si è scoperto che i buchi neri super-massicci concorrono a distribuire materia ionizzata nel grande spazio intergalattico; questa, a sua volta, potrà essere intercettata da altre galassie e favorirne così la crescita.

Insomma, dopo aver capito che i buchi neri, inghiottendo grandi quantità di materiale, possono diventare gli oggetti più luminosi dell'universo, ora si scopre che quelli che sembravano astri mortiferi, pozzi senza fondo che inghiottono tutto, disseminano in realtà materia sottile per l'intero spazio intergalattico e lo rendono fertile.

7.
Le oscure forme di materia che popolano l'universo

La materia delle stelle ordinarie e di quelle nane, delle stelle di neutroni e dei buchi neri è solo una minuscola frazione della massa totale dell'universo. Le stime degli scienziati variano, a seconda delle diverse ipotesi sulla popolazione dei buchi neri che si nascondono nelle galassie. Ma sono tutti d'accordo che la percentuale è comunque irrisoria, compresa fra lo 0,5 e l'1% del totale.

La cosa ci appare incredibile, perché sono state proprio le lucenti stelle a suggerirci la presenza di un mondo molto più vasto di quello in cui si svolgono le nostre esistenze. Per di più, se guardiamo all'astro a noi più vicino, scopriamo che la massa del Sole racchiude oltre il 99% della massa dell'intero sistema solare. Insomma, siamo abituati a considerare le stelle gli oggetti più massicci e giganteschi che ci stanno attorno, e riesce difficile immaginare che l'universo contenga materia non luminosa talmente abbondante da rendere insignificante il loro contributo.

E invece non sono i corpi celesti, siano essi quelli luminosi che punteggiano i cieli di tutte le galassie, o quelli scuri e invisibili che si aggirano nelle zone più tenebrose, a dominare la struttura materiale del nostro universo. Al contrario, la stragrande maggioranza della materia che lo compone si presenta in forme diverse, talune sorprendenti e circondate da un alone di mistero. Ma andiamo con ordine.

Soprattutto gas e un pizzico di polvere

Le distanze che separano le stelle di una galassia sono enormi. Proxima Centauri, l'astro più vicino a noi, si trova a quattro anni luce. Se volessimo arrivare fino al centro della Via Lattea, la strada da percorrere si misurerebbe in molte migliaia di anni luce. E sarebbe ancora nulla rispetto a quella da fare per raggiungere la galassia più vicina, la gigantesca Andromeda, che ci viene incontro ad alta velocità, ma si trova ancora a oltre due milioni di anni luce di distanza.

Le galassie sono strutture imponenti. Il loro volume è enorme, ma solo una porzione trascurabile è occupata dalle stelle e dagli altri corpi celesti. Fra una stella e l'altra c'è il vuoto, che però non è assoluto, perché in esso è presente una forma sottile e impalpabile di materia. La densità di quello che si chiama il mezzo interstellare è ridicolmente bassa, ma il volume in cui è distribuito è gigantesco, per cui, alla fine, il suo contributo risulta dominante.

Lo spazio fra le stelle è occupato da un mezzo molto tenue, contenente soprattutto idrogeno molecolare ed elio, che fluttuano liberamente per tutto il volume. Perlopiù risulta invisibile, perché la sua densità è troppo bassa. Se si potessero rastrellare gli atomi che compongono il mezzo interstellare se ne raccoglierebbero solo alcuni per centimetro cubo, nelle regioni dove il gas è più rarefatto, e qualche centinaio per centimetro cubo, in quelle dove è più denso. Le uniche zone nelle quali si intuisce la presenza di materiale sono quelle in cui si concentrano grandi quantità di finissima polvere. È il caso, per esempio, del nucleo centrale della nostra galassia, che risulta avvolto da una specie di immensa nuvola; o le zone che contengono le gigantesche nubi molecolari fra le quali si intravedono nuove stelle in formazione; o quelle che circondano una supernova esplosa da secoli, che ci appare contornata dal suo meraviglioso alone di residui. In ogni caso, la polvere è una componente del tutto secondaria del mezzo interstellare, dato che contribuisce solo per l'1% alla materia che esso contiene. Il resto è quasi tutto gas: tre quarti idrogeno, un quarto elio. È un residuo delle grandi nubi di elementi leggeri prodotti negli istanti successivi al Big Bang, dalla cui concentrazione sono nate le prime stelle. Questa imponente riserva è tuttora il materiale di base che dà origine a nuovi astri. Nel gas sono presenti tracce anche di elementi più pesanti come il calcio, e persino molecole complesse, organiche e inorganiche.

Se ora si guarda ai grandi spazi intergalattici, gli immensi volumi di vuoto che separano una galassia dall'altra, non ci stupirà scoprire che anche lì si trova della materia estremamente rarefatta. Per quanto la densità sia milioni di volte inferiore rispetto a quella del gas che occupa il mezzo interstellare, il volume è così spropositato che il contributo del mezzo intergalattico alla massa totale dell'universo è assolutamente dominante. Contiene gas ionizzato, soprattutto idrogeno, un plasma a bassissima densità ma spesso incandescente; poiché emette radiazione può essere visualizzato con gli strumenti adatti. Si è così scoperto che le regioni, apparentemente vuote, che separano le galassie fra loro, sono in realtà attraversate da una fitta rete di filamenti di plasma rarefatto. Una sottile ragnatela sembra avvolgere le galassie e collegarle ai grandi spazi vuoti che le circondano.

Quando si tirano le somme si scopre che il 4% della massa totale dell'universo è fatto di questa trama sottile di idrogeno ed elio che avvolge lo spazio intergalattico e si insinua all'interno delle galassie.

Poiché il resto, quel contributo dello 0,5-1%, viene dalle stelle, che a loro volta sono fatte di idrogeno ed elio, ecco che questi due elementi predominano nella composizione chimica del nostro universo. Più del 98% della materia ordinaria che compone tutto quello che ci circonda è fatto di idrogeno ed elio. In quel misero 2% residuo c'è tutto il resto, tutti gli elementi più pesanti a partire da carbonio, ossigeno, silicio, ferro e così via. Insomma, tutto quello che ci assilla e ci riguarda da vicino, come abitanti di un piccolo pianeta roccioso, appartiene alla categoria degli elementi ultra-rari.

Ma se tutta la materia conosciuta, quella fatta di atomi, il plasma che compone le stelle e i gas rarefatti che dominano i grandi spazi vuoti contribuisce solo al 5% circa della massa totale dell'universo, di cosa è fatto tutto il resto? Che forma assume il 95% della materia che compone questa immensa struttura che ci ospita?

Milkomeda e la Galassia dell'Occhio Nero

I grandi agglomerati di stelle che chiamiamo galassie popolano l'intero universo. Ciascuna di queste enormi zolle cosmiche raggruppa decine o centinaia di miliardi di stelle e altri corpi celesti. Sono distribuite dappertutto e le loro forme sono variegate, ma possono essere raggruppate in tre grandi famiglie.

Le galassie ellittiche hanno la forma di un ellissoide più o meno schiacciato. Alcune si presentano simili a enormi globi sferoidali. Sono meno luminose rispetto alle galassie a spirale ed è quindi difficile rintracciarle, per cui si tende a sottostimarne la popolazione. Gli astronomi pensano tuttavia che costituiscano circa un terzo di tutte le galassie.

La varietà delle ellittiche per quanto riguarda massa e dimensioni è molto vasta. Si va da quelle nane, che contengono pochi milioni di stelle, alle giganti della categoria, che ne ospitano migliaia di miliardi. Caratteristiche peculiari delle galassie ellittiche è di essere quasi del tutto prive di polveri e gas e di avere una popolazione di stelle vecchie e fredde. Si pensa che abbiano esaurito da tempo il carburante necessario per produrre nuove generazioni di stelle e che possano brillare nel cielo ancora per qualche miliardo di anni soltanto, si fa per dire.

Usando sofisticate simulazioni al computer ci si è convinti che esse siano il risultato finale di molteplici collisioni fra galassie a spirale. Forse diventare parte di una galassia ellittica è la sorte a lungo termine che ci attende. La nostra Via Lattea è destinata a entrare in collisione con la grande galassia di Andromeda fra quattro o cinque miliardi di anni, grosso modo quando il Sole terminerà il suo combustibile e si espanderà per diventare una gigante rossa. La fusione fra le due galassie impiegherà molto tempo per completarsi e forse, alla fine, si formerà una grande galassia ellittica, una super-galassia per la quale gli astronomi hanno già pronto un nome: Milkomeda.

L'evento sarà sicuramente spettacolare, anche se l'abbraccio cosmico vero e proprio durerà miliardi di anni. Ci potrebbe essere persino un gran finale molto pirotecnico, come si usa in alcuni paesi, quando c'è da festeggiare un evento importante. Se la collisione avvicinerà a sufficienza i due buchi neri super-massicci che sonnecchiano al centro delle due galassie, anche loro finiranno per fondersi in un unico corpo di massa spropositata. Le onde gravitazionali che ne scaturiranno saranno miliardi di volte più potenti di quelle registrate da Ligo e Virgo sul pianeta Terra e se il nuovo mostro comincerà a inghiottire polveri e stelle nelle vicinanze, dando origine a un nucleo galattico attivo, allora sì che se ne vedranno delle belle.

Via Lattea e Andromeda sono due splendide galassie a spirale. Appartengono alla famiglia più numerosa, nella quale si riunisce il 60% circa delle galassie. Sono agglomerati di stelle a forma di disco piatto, nei quali si distinguono bracci a spirale in lenta rotazione attorno a un nucleo centrale più o meno pronunciato. Circa due terzi delle galassie a spirale possiedono una struttura a forma di barra che si estende dal nucleo centrale, come la nostra Via Lattea.

Le galassie a spirale hanno masse comprese fra uno e cento miliardi di stelle e il loro diametro medio è di circa 70.000 anni luce. Generalmente contengono sia stelle ormai giunte alla fase finale della loro esistenza, sia astri molto giovani o addirittura in formazione. Al loro interno abbondano polveri e gas.

La terza famiglia, quella delle galassie irregolari, contribuisce per il 10% circa al numero totale di galassie, ma contiene quelle dalle forme più bizzarre. Ce ne sono alcune fatte a sombrero, altre che somigliano a un pinguino, altre ancora per le quali gli astronomi si sono sbizzarriti a cercare, per le loro somiglianze, nomi che colpiscono l'attenzione. È il caso, per esempio, della Galassia dell'Occhio Nero.

La loro forma irregolare nasce spesso dall'interazione

con altre galassie vicine, o da fenomeni catastrofici interni che ne hanno deformato la struttura. Per alcune si ipotizza una colossale esplosione che ha avuto luogo nel nucleo e ha disperso a grande distanza dal centro le stelle e tutto il resto del materiale. Spesso la deformazione nasce dalla gravità esercitata da qualche altra galassia vicina; talvolta, infatti, le irregolari si trovano nelle vicinanze di una grossa spirale, della quale costituiscono una specie di satellite. È questo il caso della Piccola e della Grande Nube di Magellano, le due galassie irregolari che si trovano a circa 180.000 anni luce dalla Via Lattea e sono fra le pochissime galassie visibili a occhio nudo dalla Terra, ovviamente in condizioni particolarmente favorevoli all'osservazione.

Queste galassie irregolari sono molto ricche di gas e polveri e contengono grosse popolazioni di nuove stelle. Al loro interno si possono trovare stelle giovani e molto massicce, che emettono luce nelle frequenze più alte dello spettro, tipicamente il blu.

Come abbiamo visto, ci sono parecchie differenze fra le varie famiglie di galassie, ma c'è un mistero profondo che le accomuna. Tutte ci nascondono qualcosa. La materia luminosa, quella che compone le loro stelle, insieme con i grandi volumi di gas rarefatto e polveri che contengono, costituisce solo una minima parte della materia di cui sono fatte. A tenerle assieme c'è qualcosa di assolutamente sconosciuto: una forma di materia che non fa luce, la cui origine è, per ora, un vero mistero.

Il lato oscuro della materia

Una delle scoperte più importanti del secolo scorso è stata fatta da un'astronoma statunitense, Vera Rubin, che, a metà degli anni settanta, riuscì a misurare con precisione la velocità delle stelle periferiche nelle galassie a spirale.

Le leggi della gravitazione universale ci dicono che vicino al centro galattico la velocità dovrebbe crescere con la distanza, per poi toccare un valore massimo e infine diminuire drasticamente per le stelle più lontane. Conoscendo la distribuzione di materia, stelle, polvere e gas interstellare della galassia si può calcolare la forza di attrazione a una data distanza e ricavarne la velocità delle stelle che orbitano in quella regione.

Ma le osservazioni di Rubin danno un risultato sorprendente, che contrasta radicalmente con le previsioni teoriche. A grande distanza la velocità rimane costante. Le stelle periferiche di una galassia a spirale, che si trovano magari nei pressi del suo bordo esterno, ruotano alla stessa velocità di quelle più vicine al centro. È un risultato assurdo, inspiegabile, a meno che non si ipotizzi che nella galassia si nasconda un'enorme quantità di materia invisibile. Secondo Rubin le galassie devono contenere da cinque a dieci volte più materia di quanto si pensava. I suoi dati confermavano l'ipotesi della presenza nell'universo di materia oscura. La tesi era stata avanzata negli anni trenta da Fritz Zwicky, un brillante astronomo svizzero, per spiegare la dinamica delle galassie negli ammassi.

Il risultato era talmente strabiliante che, sulle prime, provocò reazioni controverse. Immagino il commento degli scienziati più famosi: "Ma come! Abbiamo ormai una chiara comprensione dell'origine dell'universo; con la teoria del Big Bang siamo in grado di spiegare la formazione dei primi elementi, delle stelle e delle galassie e questa donna arriva e sconvolge tutto quello che conosciamo. Ci dice che l'universo è pieno di una forma di materia talmente abbondante da rendere ridicolo tutto quello che abbiamo immaginato fino a oggi". Rubin era una scienziata poco conosciuta e, prima di questa scoperta, aveva pubblicato risultati controversi, per non dire sbagliati.

Ma tutte le verifiche non fecero che confermare la tesi dell'audace astronoma. Non solo, quando si cominciarono ad analizzare i dati provenienti dagli ammassi di galassie che avevano attirato l'attenzione di Zwicky, arrivarono ulteriori riscontri.

Le galassie non amano vivere isolate, sono raggruppate in un sistema articolato di famiglie, legate fra loro dall'attrazione gravitazionale. Per esempio, la Via Lattea fa parte di un gruppo locale di galassie che contiene una settantina di membri, distribuiti su una distanza di dieci milioni di anni luce. A circa sessanta milioni di anni luce c'è l'ammasso della Vergine, che raggruppa circa millecinquecento galassie. Insieme facciamo parte del super-ammasso della Vergine, un'enorme famiglia allargata che contiene più di un centinaio fra gruppi e ammassi di galassie.

Studiando questi grandi conglomerati si può ripetere l'esercizio fatto da Rubin, estendendolo al movimento delle galassie. E anche in questo caso si scopre che la materia luminosa è largamente insufficiente per spiegare la velocità con cui si muovono le galassie all'interno di un ammasso. Se non si ipotizza la presenza di una forma oscura di materia che le tiene assieme, tutte le galassie dovrebbero sbriciolarsi e gli ammassi si sarebbero dovuti disgregare da tempo immemorabile.

Negli ultimi cinquant'anni si è raccolta un'impressionante quantità di dati sulla presenza di materia oscura nell'universo. Alle misure sempre più precise sulla velocità delle stelle nelle galassie a spirale e delle galassie degli ammassi si sono aggiunte le prove ottenute dallo studio della radiazione cosmica e quelle derivanti dall'uso delle lenti gravitazionali. L'unica cosa rimasta incomprensibile a tutti è come mai il Comitato Nobel non abbia mai dato riconoscimento, con un premio più che meritato, al lavoro pionieristico di Vera Rubin in questo campo.

La luce che vede la materia oscura

Quando Dante Alighieri deve descrivere il Paradiso, si trova di fronte a un assurdo. Deve rappresentare in versi il regno dell'immateriale, dell'invisibile. La sfida è raccontare per immagini ciò che non può essere espresso a parole. E allora ricorre a uno stratagemma geniale. Le anime dei beati appaiono come luci, splendori e fiamme inserite in un ambiente sempre più indeterminato e luminoso. In particolare, per descrivere l'Empireo, il più alto dei cieli, utilizza la più impalpabile delle sostanze: la luce. La più ardente delle sfere celesti, il non-luogo al di fuori del tempo e dello spazio, diventa il "ciel ch'è pura luce".

Nella parte più alta del Paradiso Dante celebra il trionfo della luce. L'anfiteatro dei beati, i cerchi degli angeli, persino il punto, luminosissimo, nel quale risplende Dio stesso, tutto è fatto di luce. Quando rileggo quei versi meravigliosi con gli occhi dello scienziato moderno rimango incantato, perché gran parte della nostra conoscenza sull'origine di tutto nasce dallo studio dettagliato della radiazione cosmica di fondo.

È un mare di fotoni di bassa energia che pervade l'intero universo. È un antico residuo del Big Bang, che mantiene ancora, nelle sue caratteristiche, il ricordo di quell'epoca magica nella quale fotoni e materia erano indissolubilmente legati. Ci vollero 380.000 anni di espansione e raffreddamento dell'universo primordiale per raggiungere la temperatura critica che permise agli elettroni di legarsi ai protoni e di formare i primi atomi di idrogeno. In quel momento la miriade di particelle di luce, rimaste intrappolate nella materia fino a un istante prima, cominciarono a scorrazzare per l'universo intero e ancora oggi continuano a farlo, dopo miliardi di anni.

Questo flusso di fotoni di bassa energia che ci inonda, incessantemente e da tutte le direzioni, contiene una mole spaventosa di informazioni sulla nostra storia più remota. Sviluppando nuovi strumenti siamo riusciti a registrarne tutti i dettagli e questo ci ha permesso di decifrarne gli innumerevoli segreti.

Non si tratta della luce trionfante di Dante, è un baluginio sottile e invisibile ai nostri occhi. Un fioco tremolare di onde elettromagnetiche, attenuato dai 13,8 miliardi di anni che sono passati dal Big Bang e stirato verso le basse frequenze dall'espansione inarrestabile dello spazio-tempo. Ma è questa marea di radiazione che inonda l'universo intero a raccontarci l'origine del mondo. Fu prevista nel 1948 dai fisici George Gamow, Ralph Alpher e Robert Herman, e misurata per la prima volta nel 1965 da Arno Penzias e Robert Wilson, che nel 1978 vinsero il Nobel per questa scoperta.

Lo studio dettagliato delle caratteristiche di questa radiazione ci dice molto sulla composizione del nostro universo. Interagendo con tutta la materia del cosmo, in essa rimangono tracce sottili di tutto quello che attraversa. Nella radiazione cosmica di fondo restano segni evidenti della rete di materia oscura che tiene assieme galassie e ammassi e questo ci permette di quantificare la sua presenza e capirne le caratteristiche.

C'è infine un terzo modo per dare la caccia a questo misterioso componente e, anche qui, la faccenda ha a che fare con la luce. Stavolta però si usa proprio quella visibile emessa dalle galassie. La tecnica si basa sul fatto che anche la luce può essere deviata da grandi concentrazioni di materia. L'effetto prende il nome di *lente gravitazionale* ed è un altro dei fenomeni previsti dalla relatività generale di Einstein.

Tutti hanno fatto l'esperienza del lanciare un sasso e l'hanno visto ricadere a terra dopo aver percorso in aria una parabola. Quando invece accendiamo un piccolo fascio laser, per esempio uno di quelli che si usano per sottolineare qualcosa durante una presentazione, abbiamo l'impressione che la luce corra diritta verso lo schermo. In realtà anche la luce cade, è attratta dalla Terra come il sasso, ma la deviazione è talmente minima da risultare del tutto trascurabile. Perché queste deviazioni siano significative bisogna che l'attrazione gravitazionale sia enorme, per esempio quella prodotta dal Sole. La luce si propaga lungo le linee di spazio-tempo, e se queste ultime sono curvate significativamente per la presenza di una grande massa nelle vicinanze, ecco che vedremo la luce percorrere orbite curvilinee.

Fu proprio questo fenomeno a rendere popolare la nuova teoria di Einstein. Le sue previsioni si rivelarono esatte, per la prima volta nel 1919, grazie a uno storico esperimento guidato da Sir Arthur Eddington. Approfittando di un'eclisse totale, l'astronomo britannico riuscì a osservare le stelle più vicine al Sole e dimostrò che la loro posizione apparente era leggermente alterata, proprio perché la gravità della nostra stella devia i raggi di luce che le passano accanto. È lo stesso fenomeno che abbiamo già visto quando si è parlato dei buchi neri. Se la gravità è sufficientemente elevata la luce può addirittura orbitare perennemente attorno a uno di questi strani corpi, come fanno i satelliti artificiali attorno al nostro pianeta.

Gli effetti gravitazionali sulla trasmissione della luce sono alla base anche di artefatti, se non di veri e propri miraggi, che riempiono le immagini riprodotte dai più potenti telescopi. Stelle o galassie che compaiono dove non dovrebbero stare, immagini multiple dello stesso oggetto, galassie che si deformano come in balìa di qualcosa che le schiaccia o le attorciglia. La gravità agisce anche sui raggi di luce, deviandoli proprio come una lente.

Gli astronomi e gli astrofisici sono riusciti a trasformare tutto questo in uno strumento di indagine. Misurando la deflessione della luce è possibile calcolare la massa gravitazionale che ha prodotto la deformazione dello spazio-tempo, e se questa non corrisponde alla massa luminosa ben visibile con i telescopi, ecco che si può attribuire la differenza alla concentrazione di materia oscura.

Questo esercizio è stato ripetuto migliaia di volte, applicandolo a stelle, galassie e ammassi di galassie. Ogni volta che è stato usato un nuovo telescopio, più potente di quelli precedenti, si sono ottenute misure sempre più precise di questa materia misteriosa.

La concordanza fra le stime prodotte con i diversi metodi è impressionante. La materia oscura è una componente dominante rispetto a quella luminosa. Abbiamo visto in precedenza che l'universo contiene un 5% circa di materia cosiddetta ordinaria, quella conosciuta che assume la forma di gas e polveri e stelle di ogni sorta. Ora dobbiamo prendere atto che la materia oscura è molto più abbondante: oltre un quarto dell'intero universo, per essere precisi il 27% della sua massa, è composto da questa sostanza misteriosa e invisibile.

Gli studi ci dicono che la materia oscura si distribuisce nell'universo sotto forma di un'enorme rete a trama irregolare; i suoi nodi si concentrano nelle zone occupate dagli ammassi di galassie, con sottili filamenti che legano fra loro le regioni a densità più elevata. Enormi sfere di materia oscura circondano ogni galassia. Anche la nostra, la Via Lattea, è tenuta assieme da questa misteriosa forma di materia, che occupa un volume enorme, di molto superiore a quello nel quale si concentrano le stelle. Se la materia luminosa della Via Lattea è racchiusa in una sfera del diametro di poco superiore a centomila anni luce, la materia oscura della nostra galassia occupa una regione dieci volte più grande, un'immane sfera di un milione di anni luce di diametro. Una struttura simile si ripete, su scala molto più vasta, per gli ammassi di galassie. Considerando la distribuzione della materia ordinaria e dell'immenso e disomogeneo reticolato di quella oscura, l'universo ci appare come una gigantesca forma di groviera, con grandi spazi vuoti a separare fra loro le zolle dove si concentra la materia.

Ma di cosa è fatta la materia oscura, talmente abbondante che si trova dappertutto, anche nelle nostre stanze? Poiché non emette, né assorbe luce, è difficile rilevarne la presenza. Interagisce solo per tramite delle più deboli fra le forze: sicuramente la gravità e, secondo alcune teorie, anche la forza debole. Si tratta comunque di interazioni troppo delicate per poterla scovare con facilità. Gli scienziati hanno messo a punto strumenti geniali per registrare i segnali che potrebbero permetterci di comprenderne le proprietà. Hanno mandato in orbita satelliti speciali ed equipaggiato i più sensibili fra i rivelatori, installandoli in caverne sotterranee o miniere abbandonate sotto chilometri di roccia, così che fossero lontani da ogni disturbo. Ma finora non sono stati raggiunti risultati significativi e la caccia continua.

Si cercano particelle di materia oscura anche negli acceleratori come Lhc. Potrebbero essere particelle molto leggere, dalle strane proprietà, che vengono prodotte abitualmente, ma che ci sono sfuggite finora solo perché non le abbiamo cercate con l'attenzione necessaria. Oppure potrebbero essere particelle molto pesanti, che è difficile produrre direttamente, perché l'energia degli attuali acceleratori non è adeguata. Se l'Higgs decadesse, evento possibile ma alquanto raro, in materia oscura, potremmo scoprirla se vedessimo scomparire nel nulla troppi bosoni. Le particelle di materia oscura attraverserebbero, indisturbate, i nostri grandi rivelatori ma ci accorgeremmo della loro presenza perché noteremmo troppi eventi sbilanciati in energia e quantità di moto.

Resta infine la possibilità del grande colpo di fortuna, l'equivalente di una vincita multimilionaria al SuperEnalotto. Candidati di materia oscura sono presenti in molte teorie di nuova fisica. Per esempio, se nei dati di Lhc comparisse una famiglia di particelle super-simmetriche, potremmo fare il botto. Con la scoperta della super-materia saremmo costretti ad ampliare di più del doppio il catalogo delle particelle elementari e insieme risolveremmo il mistero della materia oscura. Avremmo fatto due scoperte in una. Ma nulla di tutto questo è avvenuto finora.

Bisogna insistere, senza sognare troppo, perché le sorprese che ci aspettano non sono ancora finite. Tutto quello di cui abbiamo discusso finora, la materia ordinaria e quella oscura, contribuisce solo a circa un terzo della massa totale dell'universo. Il bello deve ancora venire.

L'oscuro regno delle tenebre

La scoperta dell'energia oscura è stata una vera sorpresa per tutti, compresi gli addetti ai lavori. Quando è avvenuta, nel 1998, gli astronomi, che per primi si trovarono di fronte a dati così sorprendenti, non potevano credere ai loro occhi. Eppure i risultati non lasciavano dubbi. La velocità con la quale l'universo si era espanso non era costante, anzi, da un bel po' di tempo a questa parte aumentava in maniera sensibile. Tutto si stava allontanando da tutto a un ritmo sempre più frenetico. Quello che gli scienziati vedevano contraddiceva ciò che ci si attendeva; l'idea di una espansione accelerata dell'universo era controintuitiva. Tutti si aspettavano che l'attrazione esercitata dalla gravità avrebbe lentamente ridotto la velocità di espansione dello spazio-tempo, mentre invece succedeva l'esatto contrario.

Per molti anni squadre diverse di scienziati cercarono di

capire se ciò che i dati indicavano era reale o se invece si erano commessi errori durante le misure. Alla fine ci si arrese all'evidenza. Non esisteva alcun dubbio che si stava osservando un nuovo fenomeno naturale, per quanto del tutto imprevisto. Alla fine anche l'Accademia reale delle scienze di Stoccolma riconobbe l'importanza del lavoro di Saul Perlmutter, Brian Schmidt e Adam Riess, i tre astronomi che avevano condotto le prime ricerche, premiando la loro scoperta con il Nobel nel 2011.

Fin dai primi momenti, per spiegare questo strano fenomeno venne coniata l'espressione *energia oscura*, a indicare la completa ignoranza del meccanismo che la produce. Una forma di energia assolutamente sconosciuta sembra spingere tutto lontano da tutto e cresce con il crescere delle dimensioni dell'universo. Qualcuno immaginò una specie di antigravità, uno stranissimo comportamento della gravità che da attrattiva, come la conosciamo, diventa repulsiva sulle grandissime distanze. Altri immaginarono una specie di energia del vuoto, un'energia positiva, che crea una specie di pressione negativa, cioè spinge tutto verso la dilatazione.

L'idea che il vuoto contenga un'energia positiva che lo fa espandere risale a molti anni fa. È stato Albert Einstein ad averla per primo. Per rendere l'universo statico, cioè controbilanciare l'effetto della gravità, che, agendo da sola, avrebbe prima o poi fatto collassare tutto in un punto, Einstein introdusse a mano nelle sue equazioni, cioè arbitrariamente, una costante positiva, chiamata *costante cosmologica*. La denominazione serviva a costruire un equilibrio: facendo espandere l'universo contrastava la gravità e lo rendeva stabile.

Più tardi, quando si scoprì che tutto aveva avuto un inizio turbolento e che le galassie continuavano ad allontanarsi l'una dall'altra, Einstein si pentì di questa sua scelta, al punto da riferirne come di uno dei peggiori abbagli della sua vita. In effetti, con un universo che nasce da una singolarità ultra-densa e super-incandescente non c'era bisogno di questa ulteriore spinta all'espansione per produrre una condizione di equilibrio. La cosa curiosa è che nessuno, tantomeno Einstein, poteva prevedere che alla fine del Novecento le scoperte di Perlmutter, Schmidt e Riess avrebbero riportato in auge la sua costante cosmologica. Insomma, sembra quasi che la natura finisca per dare sempre ragione a Einstein, pure quando il grande scienziato è convinto di essere nettamente dalla parte del torto.

Anche in questo caso si ricavano informazioni preziose su presenza e distribuzione di energia oscura analizzando le più minute disomogeneità della radiazione cosmica di fondo e gli effetti di lente gravitazionale prodotti da galassie e ammassi. È curioso scoprire che è ancora la luce a permetterci di gettare uno sguardo su questo lato tenebroso del cosmo.

La distribuzione di energia oscura nell'universo è molto omogenea. Si comporta in un modo assai diverso rispetto alla materia, sia quella ordinaria sia quella oscura. Queste ultime sostanze materiali hanno distribuzioni reticolari, con nodi e filamenti di alta densità alternati ad ampi spazi vuoti. Al contrario, l'energia oscura si distribuisce uniformemente nello spazio, sembra occupare tranquillamente l'intero volume dell'universo, esercitando su tutto una forza repulsiva.

Per cercare di comprendere l'origine di questa forma misteriosa di energia gli scienziati hanno accertato se la velocità di espansione è la stessa, in un dato periodo, per tutte le diverse regioni dell'universo. Si sono anche resi conto che il fenomeno è diventato dominante soltanto negli ultimi miliardi di anni. Per un lungo periodo l'universo si è espanso seguendo un ritmo molto diverso da quello attuale.

Sono state sottoposte a verifica numerose ipotesi, compresa l'idea che si tratti di una nuova forza fondamentale, oppure di un comportamento anomalo della gravità o ancora della presenza, nel tessuto dello spazio-tempo, di strutture molto particolari, simili a difetti della sua trama regolare. Ma ancora nessuno è riuscito a capire da dove nasca questo strano fenomeno e spiegare l'energia oscura rimane una delle sfide più formidabili della scienza moderna.

Mentre resta il mistero della sua origine, le misure di precisione prese sugli effetti dell'energia oscura sulla geometria dell'universo e sulle fluttuazioni spaziali della densità di materia hanno consentito di quantificare il peso di questa componente nella composizione materiale dell'universo.

Il risultato è clamoroso: l'energia oscura contribuisce per il 68% circa alla massa totale. L'universo è fatto per circa due terzi dal più misterioso dei componenti. Sommando il contributo della materia oscura si ottiene un risultato francamente imbarazzante. Nonostante i grandi progressi della scienza contemporanea, siamo costretti ad ammettere che non sappiamo nulla del 95% di tutto quello che ci circonda.

I messaggeri delicati e gentili

Considerando il contributo dell'energia oscura abbiamo ormai raggiunto quasi il 100% del totale. Resta da parte solo una piccola percentuale, che è importante non tanto per il suo valore quantitativo, irrisorio, ma perché è ricca di informazioni. Forse alcuni dei misteri di cui abbiamo parlato saranno risolti quando saremo in grado di capire meglio cosa ci raccontano questi misteriosi messaggeri.

Stiamo parlando dei neutrini, le particelle simili agli elettroni, ma molto più leggere e soprattutto neutre, che abbiamo già incontrato nel mondo delle dimensioni sub-atomiche. Ma i neutrini si trovano a loro agio anche all'altro estremo, quello delle grandi distanze cosmiche. Vagano in frotte fra le galassie, vengono emessi continuamente dal Sole e dalle altre stelle, si divertono ad attraversare, senza lasciare traccia, i pianeti più massicci.

Tutte le principali reazioni di fusione nucleare che avvengono nel cuore delle stelle producono neutrini. Ogni astro che illumina il cielo ne emette in grande quantità. Grazie alla loro debolissima interazione con la materia riescono a uscire immediatamente anche dalle stelle più massicce, per vagare perennemente per tutto il cosmo. Neanche le stelle di neutroni, gli oggetti più densi che possiamo immaginare, riescono a imprigionarli. I neutrini rimangono impigliati nella densissima poltiglia di materia nucleare solo per qualche secondo, poi si liberano dalla stretta e volano via.

Enormi flussi di neutrini vengono emessi anche quando una stella muore. Le esplosioni di supernova sono caratterizzate dal tipico lampo di luce, ma in realtà quasi tutta l'energia del collasso gravitazionale è trasportata dai neutrini. Ogni volta che una grande stella termina il suo ciclo vitale l'intero universo è attraversato da questi silenziosi messaggeri. Impiegheranno tempo, perché comunque non potranno superare la velocità della luce, ma, prima o poi, riusciranno a portare ovunque la notizia della catastrofe.

Ci sono poi i neutrini di altissima energia, veri e propri messaggeri cosmici che ci permettono di investigare gli ambienti più estremi dell'universo. Contrariamente ai raggi cosmici, i neutrini sono insensibili ai campi magnetici e viaggiano in linea retta. Interagendo solo debolmente con la materia sono indifferenti a tutto quello che attraversano e possono viaggiare tranquilli da una galassia all'altra. Se si ricostruisce la loro direzione di volo si può conoscere la posizione della sorgente che li ha emessi.

I raggi cosmici, invece, sono costituiti da particelle cariche, principalmente protoni. Scorrazzando per la galassia nella quale sono stati generati interagiscono con tutto quello che incontrano: campi magnetici, polveri e gas; per quelli più energetici persino i fotoni della radiazione cosmica di fondo costituiscono un bersaglio da non trascurare. Insomma, non sono gli strumenti adatti per capire da dove provengono e quindi il processo che li ha generati.

Sono utili a questo scopo, invece, i raggi gamma, i lampi di fotoni di alta energia, perché anche loro possono viaggiare quasi indisturbati nei vasti spazi intergalattici. È stato proprio grazie alla coincidenza fra un neutrino di alta energia e un lampo gamma se si è riusciti, recentemente, ad avere qualche prima indicazione sull'origine di alcuni dei fenomeni più violenti del cosmo.

Per identificare neutrini di alta energia si devono attrezzare enormi volumi di acqua o di ghiaccio, ben schermati dal flusso di raggi cosmici che ne interessa la superficie. Il rivelatore che ha scoperto per primo questa nuova classe di eventi si trova in Antartide e ha un nome suggestivo, *Ice Cube*, cubetto di ghiaccio. Dietro la leggerezza del nome si nasconde un apparato gigantesco, che sfrutta l'incredibile trasparenza del ghiaccio antartico. I ricercatori di Ice Cube hanno dotato di sensori di luce un "cubetto di ghiaccio" di un chilometro di lato, a 1500 metri dalla superficie.

In quelle profondità oscure e silenziose si sono registrati per la prima volta i segnali di neutrini altamente energetici. Alcuni, interagendo con il ghiaccio, hanno rilasciato particelle cariche che hanno prodotto una scia di segnali luminosi. L'energia scaturita nell'interazione è risultata sufficientemente alta da accendere diversi sensori distribuiti nel ghiaccio, permettendo così agli scienziati di ricostruire la direzione di volo del neutrino incidente.

Ice Cube ha rivelato neutrini che hanno energie migliaia di volte superiori a quelle tipiche di Lhc, indizio inequivocabile che sono stati prodotti da meccanismi di accelerazione cosmica imponenti.

Uno di questi eventi, di energia inferiore a quelle da record, ma comunque pari a circa 300 TeV, è stato registrato nel 2017 e ha subito fatto scattare l'allerta. Conoscendo la galassia da cui provenivano i neutrini, gli altri apparati, in particolare quelli dotati di strumenti più sensibili ai lampi gamma, hanno potuto verificare che dalla stessa sorgente erano stati emessi fotoni di altissima energia. La coincidenza dei due fenomeni non può essere casuale, anche perché la galassia incriminata contiene un buco nero che continua a dare spettacolo e a irraggiare in molte frequenze.

Poiché neutrini e raggi gamma di alta energia sono figli di raggi cosmici ultra-energetici, usando l'informazione direzionale si possono identificare i più potenti meccanismi di accelerazione di particelle del cosmo; quelli che, con ogni probabilità, sono all'origine anche dei raggi cosmici di altissima energia.

I candidati più naturali sono le esplosioni di supernova e l'attività dei buchi neri super-massicci al centro delle galassie. Si pensa che i raggi cosmici con energie fino a 1000 TeV vengano accelerati in esplosioni di supernove della nostra galassia. La fortissima onda d'urto che si propaga nel gas interstellare è in grado di accelerare particelle e nuclei a energie molto elevate. Per raggiungerne di più alte, bisogna ricorrere a fenomeni ancora più spaventosi, come le fasi parossistiche dei buchi neri più giganteschi, i nuclei galattici attivi, che emettono enormi quantità di materia attraverso i loro getti relativistici. Sono loro, con ogni probabilità, gli acceleratori cosmici le cui prestazioni ridicolizzano Lhc, l'acceleratore terrestre di cui siamo così orgogliosi.

Troviamo un mare di neutrini anche all'altro estremo dell'energia. Nessuno li ha ancora scoperti, ma tutti gli scienziati concordano sull'esistenza di una popolazione di neutrini fossili di origine cosmologica che vaga per l'universo insieme alla radiazione cosmica di fondo.

I neutrini cosmologici sono una forma di materia oscura, ma si comportano in maniera molto strana. Sia la materia ordinaria sia quella oscura si raggruppano a formare strutture, cosa che invece non avviene con i neutrini. Questa materia ultra-fredda ha una temperatura media di 1,95 gradi sopra lo zero assoluto, addirittura più fredda dei fotoni del fondo di radiazione cosmica. Ma quel minimo di energia conferisce ai neutrini cosmologici una velocità sufficientemente elevata da permettere loro di scorrazzare ovunque.

Nell'universo primordiale, gli stessi neutrini di bassa energia che costituiscono il fondo cosmologico volavano a velocità ultra-relativistiche, e il loro ruolo era molto importante. Oggi la loro funzione è sicuramente più ridotta ma rimangono una sorgente di informazione fondamentale per capire molti dettagli dell'universo bambino. La loro separazione dalla materia è avvenuta solo un secondo dopo il Big Bang, mentre i fotoni hanno impiegato centinaia di migliaia di anni prima di riuscire a liberarsi dal suo abbraccio. Questo vuol dire che nelle proprietà del fondo cosmologico di neutrini sono rimaste impresse caratteristiche dell'universo primordiale, le quali, interpretate correttamente, potrebbero svelarci ancora molti segreti. La caccia ai primi segnali dei neutrini cosmologici è ancora aperta.

Insomma, i neutrini sono una specie abbondante nell'universo, anche se il loro contributo alla massa totale ammonta a un irrisorio 0,3%.

Questi messaggeri delicati e gentili hanno buone maniere, non disturbano, né recano fastidio, ma se si ascolta con attenzione quello che hanno da dirci, ci portano notizie terribili di mondi attraversati da catastrofi inimmaginabili o ci raccontano l'ambiente incandescente dei primi istanti di vita del nostro universo. Sono le particelle più educate e schive a far crollare molti nostri pregiudizi e raccontarci con un filo di voce le storie più angoscianti e spaventose.

8.
Cosa sorregge l'acqua nella quale nuota il Bahamut?

Il Bahamut è un pesce colossale, che compare in alcune leggende arabe sull'origine del mondo. È citato anche in uno dei racconti de *Le mille e una notte* e non poteva sfuggire all'attenzione di Jorge Luis Borges.

Nel suo *Libro degli esseri immaginari* il Bahamut viene citato in questo modo: "Dio creò la terra, ma la terra non aveva sostegno, e così, sotto la terra creò un angelo. Ma l'angelo non aveva sostegno, e così sotto i piedi dell'angelo creò una rupe fatta di rubino. Ma la rupe non aveva sostegno e così sotto la rupe creò un toro con quattromila occhi, orecchie, nasi, bocche, lingue e piedi. Ma il toro non aveva sostegno, così sotto il toro creò un pesce, chiamato Bahamut, e sotto il pesce mise acqua e sotto l'acqua mise oscurità, e la scienza umana non vede oltre quel punto".

La leggenda del Bahamut ricorda la situazione con la quale ha dovuto fare i conti la cosmologia della seconda metà del secolo scorso: trovare, per ogni causa che produce un certo fenomeno, una causa antecedente che innesca il meccanismo e così via all'infinito. È un trabocchetto infernale nel quale si rischia di cadere ogni volta che si cerca di raccontare la nascita della materia. "D'accordo, c'è stato il Big Bang, ma allora cosa ha prodotto il Big Bang?" È una trappola che ormai siamo in grado di evitare. Per dirla con le parole di Borges, alla fine del XX secolo la scienza umana ha penetrato l'oscurità che sorregge l'acqua nella quale nuota il Bahamut.

Densità critica dell'universo

La teoria del Big Bang, fin dalla sua prima formulazione, aveva suscitato accesissimi dibattiti. Il pregiudizio di un universo eterno e immutabile era molto diffuso anche fra gli scienziati più autorevoli. Per contrastare quella che sembrava un'ipotesi troppo suggestiva le avevano contrapposto la teoria dello stato stazionario. L'ipotesi cosmologica alternativa al Big Bang accettava l'idea di un universo in espansione, ma ipotizzava una creazione continua di nuova materia al suo interno, per tenerne costante la densità. In questo modo l'universo avrebbe mantenuto nel tempo le proprie caratteristiche, senza bisogno di immaginare un inizio o una fine del tutto. Il meccanismo era un po' macchinoso, ma la creazione di nuova materia sarebbe stata difficile da dimostrare, perché si trattava di far nascere soltanto un atomo di idrogeno per chilometro cubo all'anno. Una quantità di materia così irrisoria che sarebbe stato impossibile falsificare la teoria.

Le due teorie cosmologiche rivali accesero gli animi degli scienziati per alcuni decenni, e uno dei più accaniti sostenitori dello stato stazionario fu proprio quel Fred Hoyle cui si deve, per ironia della sorte, la paternità dell'espressione Big Bang.

Hoyle era un fervente propugnatore dell'ipotesi materialista, ferocemente contrario all'idea di una singolarità iniziale, proprio perché troppo simile all'idea della creazione sostenuta dalle religioni. A indispettirlo ancora di più c'era, indubbiamente, il fatto che il padre della teoria che tanto lo disturbava era Georges Lemaître, un grande fisico, ma anche uomo di fede e per di più cattolico.

La scoperta della radiazione cosmica di fondo troncò ogni discussione, anche se, come gli ultimi combattenti giapponesi ritrovati nella giungla dopo decenni dalla fine della Seconda guerra mondiale, Hoyle e altri continuarono ostinatamente a difendere le loro tesi fino alla sua morte, avvenuta nel 2001.

Tuttavia il grosso della comunità scientifica non lo seguì in questa specie di crociata personale. Penzias e Wilson avevano scoperto proprio quello che i teorici del Big Bang avevano previsto. E i dati empirici sull'uniformità e la temperatura di questa radiazione così caratteristica combaciavano con quelli che erano stati calcolati sulla base dei modelli teorici. Ormai non c'erano più dubbi: l'universo era nato miliardi di anni prima, da un punto molto speciale nel quale densità e temperatura raggiungevano valori altissimi.

Ma qui era scattata la trappola del Bahamut. Se tutto è nato dal Big Bang, da cosa è nato il Big Bang?

La questione era molto pertinente, perché non era sufficiente parlare di una singolarità; i più esigenti, anche fra gli scienziati che sostenevano la nuova teoria, si ponevano il problema della dinamica. Nessun meccanismo conosciuto poteva far concentrare in un punto di dimensioni infinitesime tutto quello che era contenuto nell'universo che ci circonda. Il paradosso era evidente. I fisici, abituati a spiegare la dinamica di tutti i fenomeni naturali, non riuscivano a dare alcuna spiegazione dei meccanismi che avrebbero potuto dare il via alla madre di tutti i processi fisici, la produzione originaria di materia. La questione poi assumeva contorni imbarazzanti se la si guardava dal punto di vista dell'energia. Se per produrre l'universo gigantesco che conosciamo occorreva spendere un'enorme quantità di energia, qualcuno si chiedeva: ma chi o che cosa hanno generato questa energia?

Per molti decenni, mentre le prove a sostegno della teoria del Big Bang continuavano ad accumularsi e a rafforzare l'ipotesi cosmologica ormai considerata senza rivali, rimaneva questa debolezza intrinseca. Nessuno sapeva rispondere alla più semplice delle domande: che cosa ha prodotto il Big Bang?

E allora si cominciò a pensare che la risposta poteva venire guardando al futuro dell'universo. Cercando di capire la sua evoluzione, e magari la sua fine, ci si poteva imbattere nella soluzione giusta per comprenderne l'inizio. La questione si intrecciò quindi con la necessità di misurare la densità dell'universo.

Nell'ipotesi di un universo che si espande, la densità del suo contenuto di massa ed energia è estremamente rilevante, perché da essa dipende l'attrazione gravitazionale che si oppone all'aumento di volume. Maggiore è il contenuto di massa ed energia dell'universo, più forte è la spinta a contrastarne l'espansione, fino al punto, eventualmente, di invertirne la corsa.

A sua volta la densità dell'universo ha un rapporto con la geometria dello spazio-tempo. Se domina la gravità l'universo è chiuso, sferico, finito e destinato a collassare su se stesso. Lo spazio-tempo è curvo e l'attrazione gravitazionale rallenta la spinta all'espansione, riesce a fermarla e finisce con l'invertirla. Tutto comincerebbe ad avvicinarsi sempre di più fino a collassare in un punto di densità virtualmente infinita. Si ricreerebbe la singolarità. L'universo passerebbe attraverso un ciclo infinito di fasi di espansione, che iniziano con il Big Bang, alternate a fasi di contrazione, che portano a un Big Crunch, il grande collasso gravitazionale.

Questo meccanismo ciclico permetterebbe di capire la dinamica di tutto il processo ed eviterebbe, per principio, la trappola del chiedersi cosa l'ha provocato. Ma se questo non fosse il caso, il problema si ripresenterebbe integralmente. Se domina la spinta all'espansione l'universo diventa infinito e destinato a una crescita senza limiti. Lo spazio-tempo risulterebbe curvato a forma di sella, e l'universo avrebbe una geometria iperbolica. Se, invece, le due spinte si equivalessero avremmo un universo piatto, che segue la geometria euclidea, e sarebbe destinato a una espansione eterna.

Misurare la densità di massa ed energia dell'universo diventò quindi una questione essenziale per capirne l'evoluzione e cercare di vedere se si poteva evitare la trappola della dinamica del Big Bang.

Tutte le osservazioni effettuate con gli strumenti più disparati – satelliti specializzati nelle misure di precisione del fondo di radiazione cosmica, analisi delle abbondanze degli elementi primordiali, uso di lenti gravitazionali per valutare la distribuzione di massa nell'universo – davano risultati univoci. La stima della densità critica era di cinque nuclei di idrogeno per metro cubo, mentre la densità media della materia ordinaria risultava di 0,25 nuclei per metro cubo.

La densità dell'universo era venti volte inferiore a quella critica, dunque l'universo non poteva essere chiuso. L'ipotesi che tutto si potesse spiegare con un'alternanza di Big Bang e Big Crunch andava abbandonata per sempre.

Si riproponeva quindi la necessità di dare una spiegazione dinamica della singolarità iniziale. La teoria continuava a riscuotere consensi, ma i più avveduti fra gli scienziati erano consapevoli che se non si fosse trovata una spiegazione convincente del meccanismo che aveva scatenato il Big Bang, l'intera costruzione poteva crollare in un attimo.

A questo punto intervenne un fatto nuovo, una teoria rivoluzionaria, sviluppata da un paio di giovani fisici agli inizi degli anni ottanta. L'ipotesi che fosse stata l'inflazione cosmica a scatenare il Big Bang venne proposta, in versioni diverse, dallo statunitense Alan Guth e dal russo Andrej Linde. L'idea era suggestiva perché collocava, all'origine del tutto, un meccanismo casuale, una fluttuazione quantistica che estraeva dal vuoto una particella scalare, l'*inflatone*. Il nuovo venuto poteva innescare quella spaventosa espansione esponenziale che abbiamo chiamato Big Bang.

La teoria accese grandi dibattiti, ma all'inizio non furono in molti a prenderla sul serio perché sembrava in contraddizione con i dati sperimentali. Le cose cambiarono quando cominciarono ad affluire le misure di precisione della radiazione cosmica di fondo.

Il modello inflazionario era in grado di spiegare la grande omogeneità di temperatura registrata dagli apparati più sensibili. Solo una crescita esponenziale che avesse espanso su scala cosmica le più minute fluttuazioni poteva spiegare come mai regioni dell'universo, distanti fra loro miliardi di anni luce, avevano esattamente la stessa temperatura.

Ma rimaneva una contraddizione stridente. Il modello inflazionario richiede un universo a curvatura piatta, a geometria euclidea, di densità esattamente pari a quella critica. E qui tutti i dati sembravano dar torto ai sostenitori dell'inflazione. Fu soltanto con la scoperta dell'energia oscura e la corretta valutazione del contributo di energia e materia oscura alla massa totale dell'universo che le tessere del puzzle tornarono al loro posto. L'analisi dettagliata della distribuzione delle più piccole anomalie, le cosiddette anisotropie della distribuzione di temperatura, portava ulteriori elementi a conferma della teoria dell'inflazione cosmica. La nuova teoria aveva dimostrato un potere predittivo che era stato poi confermato dai dati sperimentali.

Che cos'è il vuoto

Tutte le misure effettuate fino a oggi favoriscono il modello inflazionario. Se ancora non tutti i critici sono convinti della sua validità è perché non si è ancora scovato l'inflatone, la particella scalare responsabile di questo rigonfiamento parossistico, quella che ha provocato il grande Bang iniziale. Che permanga quindi un certo scetticismo in una parte della comunità scientifica è normale, fa parte della dinamica abituale. Fino a quando non verrà trovata la pistola fumante dell'inflazione cosmica, la particella responsabile di questo putiferio, non sarà possibile accedere ai molti dettagli che ancora rimangono da definire. Tuttavia il quadro generale è già abbastanza preciso e risulta sorprendente.

Per capire meglio da cosa è nata la materia, qual è l'origine dell'universo, è utile riprendere le obiezioni di Fred Hoyle alla teoria del Big Bang. Il fisico britannico la vedeva come il fumo negli occhi, perché non riusciva ad accettare una teoria che violava il principio di Lavoisier. Il grande chimico francese, che finirà ghigliottinato durante la Rivoluzione, aveva formulato in questo modo la sua legge di conservazione della massa: "In una reazione chimica, che avviene in un recipiente chiuso, la somma delle masse dei reagenti è sempre uguale alla somma delle masse dei prodotti della reazione".

Contro la teoria del Big Bang Hoyle riprendeva in qualche modo l'argomento di Lavoisier: "Ma non è ancora più paradossale l'idea che un bel sacco di roba, l'intero universo, sia nato in un attimo, dal niente?". Nella sua affermazione risuona l'eco delle parole di Empedocle, il grande sapiente greco, vissuto ad Agrigento nel V secolo a.C.: "Nulla viene dal nulla".

Ecco qua il nodo della questione. Da dove nasce l'universo prodotto dal Big Bang? La risposta della fisica contemporanea è: dal vuoto. Ma attenzione, il vuoto non è il nulla, anzi, per certi versi è il contrario del nulla. Insomma, per rispondere alle obiezioni di Hoyle o, se volete, di Empedocle, siamo costretti a capire bene che cos'è il vuoto.

Prendiamo un metro cubo di aria di fronte a noi; immaginiamo uno scatolone cubico di un metro per lato, davanti a noi, nel nostro ufficio o nella nostra sala da pranzo, e supponiamo di volerlo trasformare in un metro cubo di vuoto. Quali operazioni dobbiamo fare?

In primis dobbiamo rimuovere tutta l'aria. Prima di farlo dovremo procurarci una potente pompa aspirante e racchiudere questo volume in un recipiente robusto e capace di reggere la pressione, perché, se aspiriamo le molecole d'aria dall'interno, l'aria all'esterno del cubo eserciterà una pressione sulle pareti. Nessun problema: un bel cubo d'acciaio spesso, e possiamo procedere. Via via che si crea il vuoto all'interno del cubo, dovremo avvalerci di pompe sempre più potenti. La tecnologia di cui disponiamo attualmente non ci consente di portare via tutte le molecole fino all'ultima; resterebbe sempre una pressione residua del gas che, per quanto minima, corrisponderebbe a un numero spropositato di molecole ancora presenti nel cubo. Ma supponiamo di aver trovato un sistema per cui tutte le molecole, una dopo l'altra, vengono estratte dal recipiente. Ora nel nostro cubo c'è un vuoto più spinto di quello intergalattico.

Una volta che si è tolta l'aria, che cosa resta dentro il cubo? Tantissime cose. Anzitutto ci possono essere campi elettromagnetici. È vero che l'acciaio produce una forma di schermatura, ma qualche frequenza della marea di onde elettromagnetiche in cui siamo immersi potrebbe comunque penetrare all'interno. Per evitarlo dovremmo aumentare la schermatura e aver cura che sia in grado di attenuare di molti ordini di grandezza tutte le frequenze.

Poi ci dovremmo preoccupare dei fotoni emessi all'interno per irraggiamento. Il nostro recipiente si trova in equilibrio alla temperatura della stanza, quindi le sue pareti, essendo calde, emettono fotoni. E allora dobbiamo raffreddare il tutto. Molto complicato, ma supponiamo di riuscire a farlo, anche se l'apparato ora diventa sempre più complesso. Dobbiamo disporre di un grande sistema refrigerante e dobbiamo isolare il cubo d'acciaio da tutto quello che lo circonda, altrimenti si riscalda di nuovo. Per raffreddarlo in maniera che le sue pareti non emettano più fotoni dobbiamo portarlo allo zero assoluto, –273,15 gradi centigradi. Non lo sappiamo fare. Ma supponiamo anche qui di riuscire ad arrivare alla temperatura che ci siamo proposti di raggiungere. Ora dentro c'è il vuoto? Neanche per sogno.

Il volume occupato dal cubo è attraversato da raggi cosmici che ci piovono addosso continuamente e dal flusso di neutrini che arrivano da tutte le direzioni. Schermare i primi è forse concepibile. Dovremmo portare il cubo in una caverna sotterranea protetta da chilometri di roccia per assorbire una gran parte dei raggi cosmici che ci piovono addosso. Ma per i neutrini la battaglia è persa in partenza. Neanche lo spessore della Terra sarebbe sufficiente a fermare questo flusso ininterrotto di particelle così leggere. Tuttavia supponiamo anche qui di aver trovato quella soluzione che, a oggi, nessuno scienziato è mai riuscito a trovare. Purtroppo non è finita.

Il vuoto che abbiamo prodotto sarebbe ancora *pieno* di sostanze materiali. Anzitutto il campo gravitazionale. Lo spazio-tempo racchiuso dal cubo è ancora incurvato a causa della Terra. Se un granellino di polvere si staccasse dal soffitto del cubo, cadrebbe sul pavimento per la forza di gravità. E poi c'è il campo scalare di Higgs, quello che dà la massa a tutte le particelle elementari, che permane nel cubo, indifferente e imperturbabile nei confronti di ogni nostra attività. Tutte cose che non possiamo schermare. Ma anche in questo caso supponiamo di aver trovato la maniera di farlo.

Ci aspetterebbe comunque la parte più difficile, quella per la quale vaghiamo nel buio più completo. Nel volume ci sarebbe ancora materia oscura, quelle particelle sconosciute che sono ovunque attorno a noi e, soprattutto, lo spazio occupato dal cubo conterrebbe ancora energia oscura. Non avendo la più pallida idea dell'origine di questi due componenti materiali dell'universo, non possiamo neanche immaginare una maniera per poterli rimuovere. Ma niente ci impedisce di sognare che la cosa sia possibile.

Ora nel cubo c'è il vuoto, ma il vuoto materiale che abbiamo realizzato non è il nulla. Anzi contiene una miriade di cose. È pieno di attività nascoste e silenziose.

Lo stato di vuoto di un sistema materiale è definito come quello a energia minima, idealmente nulla. Ma dire che nel vuoto non c'è energia non equivale a dire che nel vuoto non c'è nulla. Anche il vuoto, come tutti gli stati materiali, deve obbedire alle leggi della meccanica quantistica e, in particolare, al principio di indeterminazione. È proibito per il vuoto avere un insieme di stati microscopici *permanentemente* a energia nulla.

Il vuoto è pieno di fluttuazioni; per un istante, un tempo di durata compatibile con il principio di Heisenberg, in esso può comparire una coppia particella-antiparticella che sarà riassorbita subito dopo. Sul piano microscopico il vuoto ribolle, produce di continuo una specie di schiuma sottile, una sarabanda di finissime bollicine, minuscole porzioni di spazio-tempo, nelle quali sopravvivono, per un istante infinitesimo, coppie di elettroni e positroni o di altre componenti di materia e antimateria. L'energia media sarà zero, ma il valore nullo nascerà da un'infinita serie di stati che si discostano dal valore medio. Grazie a questo meccanismo un'infinitesima fluttuazione del vuoto può riempirsi di inflatoni e dare origine a un universo materiale.

Da dove nasce la materia

Il modello inflazionario prevede che l'universo nasca per caso, da una fluttuazione quantistica del vuoto. Una delle prove più convincenti a sostegno della teoria viene fornita dalle misure di precisione sulla geometria dello spazio-tempo e sulla densità critica dell'universo.

Tutti i dati raccolti dagli strumenti di misura più evoluti concordano sul fatto che il nostro universo è piatto, a curvatura intrinseca praticamente nulla, con un margine minimo di errore. Lo spazio-tempo risulta deformato solo localmente per effetto della presenza di corpi celesti massicci. La geometria dell'universo è euclidea, quella che si studia a scuola: se si disegna un triangolo unendo fra loro tre punti la somma degli angoli interni è esattamente di 180 gradi. Questo risultato, tutt'altro che scontato, nasce dalla condizione di essere seduti proprio a cavallo della densità critica.

È importante sottolineare ancora una volta che, al momento in cui la teoria fu formulata, il dibattito sulla geometria dell'universo era ancora in corso. La tesi prevalente era che l'universo fosse aperto e la geometria iperbolica, visto che la somma della materia ordinaria e di quella oscura raggiungeva a malapena circa un terzo della densità critica.

Fu solo la scoperta, del tutto inaspettata, dell'energia oscura a sciogliere molte riserve sulla credibilità dell'inflazione cosmica. Da una ventina di anni siamo in grado di raccontare l'origine dell'universo in un modo del tutto nuovo e, per certi versi, sorprendente.

Dire che l'universo si trova nella condizione di densità critica equivale a dire che la sua energia totale è nulla. E questo risultato ci appare sbalorditivo. Ma come? Se una goccia d'acqua, trasformata in energia secondo la relazione di equivalenza di Einstein, corrisponde a un valore enorme, immaginiamoci cosa succederebbe se trasformassimo in energia le centinaia di miliardi di stelle di ogni galassia e poi moltiplicassimo il tutto per le centinaia di miliardi di galassie, per aggiungere infine il contributo di gas, polveri, materia ed energia oscura. L'energia dell'universo gigantesco in cui viviamo deve avere un valore enorme, può essere espressa solo con numeri in potenze di dieci con un esponente grandissimo. Tutto vero, ma si trascura sempre un dato. Nell'universo non c'è solo la massa-energia, c'è un altro componente fondamentale, lo spazio-tempo. Il nostro universo è fatto di questi due ingredienti mescolati assieme. Una grande quantità di massa-energia distribuita in un'enorme struttura, che chiamiamo spazio-tempo.

Attenzione, questa struttura non è una struttura immateriale, un concetto astratto, al contrario. Prendiamo lo spazio-tempo che ci circonda, contiene campi, come quello elettromagnetico che ci permette di comunicare, o quello gravitazionale per cui siamo attaccati al suolo. Lo spazio-tempo, per quanto sia estremamente rigido, è una sostanza materiale che può vibrare, oscillare e trasmettere energia a grande distanza mediante onde gravitazionali.

Se guardiamo alla cosa da un punto di vista più generale ci rendiamo conto che lo spazio-tempo gioca un ruolo decisivo nel bilancio energetico dell'universo intero. Poiché la deformazione dello spazio-tempo dovuta alla presenza locale di una concentrazione di massa-energia produce l'attrazione gravitazionale fra corpi, ecco che dobbiamo immaginarlo come intriso di una forma particolare di energia, l'energia di legame che tiene assieme due corpi che si attraggono.

Abbiamo già visto che per liberare un corpo dall'abbraccio della Terra occorre fornirgli una velocità di 11 km/s. L'energia cinetica relativa alla velocità del corpo, che vogliamo spedire nello spazio profondo, corrisponde proprio alla sua energia di legame, che è sempre negativa: sommandole fra loro, risulta che il corpo ha energia totale nulla, quindi può viaggiare fino alla distanza alla quale non risentirà più dell'attrazione terrestre e che raggiungerà con una velocità che si ridurrà lentamente fino ad annullarsi del tutto.

A ogni coppia di corpi celesti distribuiti nell'universo corrisponde un'energia di legame. Poiché tutto viene attratto da tutto, la somma dell'energia che tiene uniti le stelle, le galassie e gli ammassi di galassie fra loro equivale a un numero negativo enorme. E poi c'è la polvere, il gas, la materia oscura, e il numero negativo diventa sempre più grande. Facendo la sottrazione fra i due numeri giganteschi che abbiamo appena ottenuto, uno positivo e l'altro negativo, il risultato è sorprendente: l'energia totale dell'universo è zero.

L'energia positiva della massa-energia e l'energia negativa

del campo gravitazionale, cioè contenuta nello spazio-tempo, si cancellano se l'universo è piatto. Questo significa che la densità dell'universo è pari al valore critico. Un universo di questo genere può espandersi all'infinito e durare in eterno, perché la sua dinamica non richiede alcun dispendio di energia. È come un funambolo che cammina, leggerissimo e agile, su un filo sottile. È evidente che tutto questo non può essere un caso. Sotto questo apparente paradosso si nasconde una verità profonda.

L'energia dell'universo è nulla, come è nulla la sua carica totale o il suo momento angolare complessivo; per ogni gruppo di galassie che orbitano attorno a una particolare direzione se ne è trovato uno equivalente i cui componenti girano nella direzione opposta. Insomma, le proprietà fisiche del sistema universo, quelli che chiamiamo numeri quantici, valgono tutti zero, esattamente come quelli del sistema *vuoto*. La conclusione è inevitabile: anche l'universo è un sistema vuoto. I due sono indistinguibili da un punto di vista fisico.

Riesce difficile accettare la conclusione per noi, che siamo abituati a vivere in un sistema che ci appare *pieno* di oggetti materiali: la nostra casa, le montagne, la Terra, il Sole, le stelle, le altre galassie. Tutto, compreso il nostro corpo, sembra dirci: l'universo è pieno di strutture materiali, è lui stesso una gigantesca struttura materiale. E invece la scienza contemporanea ci dice: attenzione, questa è un'illusione, uno dei tanti pregiudizi che ci hanno accompagnato finché non siamo andati al fondo delle questioni.

Se si guarda la faccenda da un punto di vista più rigoroso si scopre che il nostro universo è ancora una forma di vuoto, e questa scoperta modifica radicalmente la questione della sua origine. Non c'è più bisogno di cercare una sorgente di energia immensa, se si deve produrre un oggetto di energia nulla. La cosa può avvenire spontaneamente, proprio perché non richiede alcun dispendio di energia. Il Big Bang è stata una chiassosa trasformazione di uno stato di vuoto in un altro stato di vuoto, equivalente al primo; una grande metamorfosi che, non richiedendo energia, può avvenire gratuitamente e procedere nel tempo per miliardi di anni. Tutto è avvenuto per caso, rispettando l'unico vincolo: a nessuno è consentito violare le leggi della fisica che regolano il comportamento dei corpi materiali, di tutti, anche dello stato di vuoto.

La scienza moderna ha ormai schivato la trappola del Bahamut. Il nostro universo materiale è nato dal vuoto, grazie a una delle tante fluttuazioni quantistiche che lo caratterizzano; una microscopica bollicina che ha imboccato una strada spettacolare, talmente stravagante che per molti anni ci ha ingannato, spingendoci a pensare a una singolarità iniziale della quale non comprendevamo la dinamica.

Oggi sappiamo che è stato tutto molto più semplice. Che questo impasto di massa-energia e spazio-tempo può svilupparsi in modo naturale, spontaneo, del tutto casuale, proprio perché le due grandezze sono complementari dal punto di vista dell'energia. L'energia positiva necessaria per creare la prima dal nulla è identica all'energia negativa di cui risulta impregnata la seconda. Mescolando assieme spazio-tempo e massa-energia non c'è bisogno di chiedere in prestito energia a nessuno.

Forse qualcosa di tutto questo era già stato intuito dai grandi sapienti greci. È difficile resistere alla tentazione di interpretare, con gli occhi di adesso, i versi di Esiodo quando parla del Caos, inteso come gorgo senza fine, spazio vuoto da cui origina il tutto. O le parole scritte da Platone nel *Timeo*: "Il tempo dunque è nato assieme al cielo, in modo che, generati assieme, assieme anche si dissolvano, se mai avvenga una loro dissoluzione".

Che fine farà la materia

L'origine dell'universo, la prima scintilla del tutto, ha finora rubato la scena al suo complemento negativo: la fine. Ma quale sarà l'ultimo atto di questo spettacolo rutilante di stelle e pianeti, galassie e stelle di neutroni, pulsar e buchi neri?

La discussione sulla fine dell'universo materiale che ci circonda è affascinante tanto quanto quella sul suo inizio, anche se sottilmente più inquietante. Cominciamo con l'escludere alcune delle ipotesi che andavano di gran moda fino a pochi decenni fa. Abbiamo già accennato al fatto che l'ipotesi dell'universo ciclico, dell'alternanza di Big Bang e Big Crunch, è stata ormai abbandonata. Da quando si è scoperta l'energia oscura sappiamo che nel nostro futuro non c'è alcuna grande contrazione.

Oggi non ci sono più dubbi: l'universo si espande a una velocità crescente. Certo, alcune galassie entreranno in collisione fra loro e forse si fonderanno, com'è probabile che succeda alla nostra Via Lattea con Andromeda. Ma l'universo sembra spingere con decisione verso la rarefazione. Sebbene sia difficile fare previsioni su una scala temporale di decine di miliardi di anni, se questo fenomeno continuerà, tutto si allontanerà da tutto il resto.

In un cosmo ultra-rarefatto le distanze diventeranno troppo grandi per rendere possibile la formazione di nuovi astri luminosi. Quando una generazione di stelle finirà il proprio ciclo vitale, non ne nasceranno altre per rimpiazzarle e l'intero universo diventerà una distesa sterminata di stelle morte: nane brune, stelle di neutroni e buchi neri che vagheranno indefinitamente nel buio e nel freddo. È quella che chiamiamo *morte termica*, che somiglia a una vita sospesa, che gli inglesi hanno denominato *Big Freeze*, il grande congelamento.

L'universo e la sua materia, beninteso, continueranno a vivere per decine di miliardi di anni. Solo che non ci saranno le condizioni per costruire, all'interno di quell'universo freddo e buio, la dinamica cui noi siamo legati, fatta di sistemi solari stabili, tiepidi pianeti abitabili ed energia a sufficienza per costruire e far evolvere forme materiali complesse come quelle biologiche.

Per quanto riguarda l'energia oscura ne conosciamo gli effetti, ma ignorando completamente la sua origine e la sua natura, non siamo in grado di prevederne l'evoluzione su scale temporali molto lunghe. Possiamo solo fare delle ipotesi. Se, per esempio, l'accelerazione dovesse aumentare in maniera esponenziale, potremmo arrivare addirittura a una lacerazione nel tessuto dello spazio-tempo. Ancora oggi è difficile immaginarlo come qualcosa di materiale, che si può rompere, ma la possibilità non è da escludere.

Lo spazio-tempo è una struttura estremamente rigida, ma non indistruttibile. Il grande strappo avrebbe effetti catastrofici globali; immaginiamo solo cosa succederebbe ai legami gravitazionali fra stelle o fra galassie. Non sappiamo cosa accadrebbe alle altre interazioni che tengono assieme la materia sul piano microscopico. Qualcuno suggerisce che la lacerazione finirebbe per sbriciolare tutte le forme materiali: svanirebbero persino protoni e neutroni, per non parlare di atomi e molecole. L'universo ritornerebbe a essere un'immensa struttura nella quale vagano particelle elementari totalmente isolate le une dalle altre e incapaci di aggregarsi. Simile a quella dei primi istanti, ma infinitamente più grande, più vecchia, più fredda.

Nello scenario della morte termica dell'universo alcuni suggeriscono la possibilità della creazione di buchi neri così giganteschi da produrre loro la lacerazione dello spazio-tempo. Anche qui siamo nel campo delle speculazioni difficili da dimostrare.

In alternativa a questo scenario triste e piuttosto deprimente è da prendere in considerazione un'altra ipotesi recente sulla fine dell'universo: la cosiddetta *catastrofe del vuoto elettrodebole*.

Con la scoperta del bosone di Higgs si è posto il problema della stabilità di questo meccanismo, così importante per dare massa alle particelle elementari e permettere alla materia di organizzarsi in forme permanenti. Non appena siamo riusciti a misurare la massa della nuova particella, è stato possibile effettuare lo studio delle proprietà di questo campo così particolare, e non sono mancate le sorprese. La più rilevante è stata la scoperta che si trova in uno stato di equilibrio metastabile. Detto così, sembrerebbe qualcosa di poco interessante, se non irrilevante. In realtà, quello che si è scoperto è molto intrigante e nasconde aspetti inquietanti. Lo strano potenziale collegato al bosone di Higgs, nei primissimi istanti di vita dell'universo, si è collocato in una particolare condizione di equilibrio nella quale riposa da 13,8 miliardi di anni. La domanda che ci siamo posti è se questa posizione di equilibrio sia assolutamente stabile oppure no. E la risposta è risultata diversa da quanto ci si attendeva. Visto che il sistema regge da miliardi di anni, ci si aspettava di trovare condizioni di stabilità assoluta, cioè che questo delicato equilibrio fosse congegnato così bene da poter dormire sonni tranquilli ancora per molti miliardi di anni. In realtà non è così. L'equilibrio è appunto metastabile, vale a dire che qualcosa potrebbe perturbarlo e romperlo. Insomma, non è per nulla garantito che quello che è avvenuto finora possa continuare ad avvenire per sempre.

Detto in altri termini, questa specie di sottilissima impalcatura che conferisce la massa alle particelle elementari potrebbe crollare di colpo. Se questo avvenisse sarebbero guai: salterebbero tutti i legami, e la materia organizzata – stelle, pianeti, insomma tutto, noi compresi – si disintegrerebbe all'istante trasformandosi in pura energia. Alcuni ipotizzano una bolla immane che si espanderebbe alla velocità della luce; per altri la catastrofe interesserebbe di colpo l'universo intero. L'unica consolazione, se così si può dire, è che si tratterebbe comunque di una fine molto calda, e molto spettacolare, per certi versi l'opposto di quella condanna deprimente al buio e al freddo eterno iscritta nella morte termica. Attenzione, l'universo continuerebbe a esistere per miliardi di anni, sotto forma di plasma rarefatto di particelle, ma sarebbe totalmente diverso da quello che ci ospita attualmente.

In quali condizioni potrebbe realizzarsi questa catastrofe? Gli studi ci dicono che il vuoto elettrodebole potrebbe crollare sotto la spinta di una grossa quantità di energia, valori che, neanche lontanamente, possiamo immaginare di raggiungere sul pianeta Terra. E questo è un bene, altrimenti, ne sono sicuro, a qualcuno verrebbe in mente di costruirci una sorta di bomba da Armageddon. Ma il fatto che queste energie siano irraggiungibili per noi non ci deve confortare eccessivamente. Troppe volte siamo stati sorpresi da fenomeni naturali del tutto inattesi. La collisione di due buchi neri che ha permesso la rivelazione delle onde gravitazionali è uno di questi. Nel caso specifico, nessuno può escludere che in un qualche angolo nascosto di una galassia lontana meccanismi a noi sconosciuti possano mettere in gioco energie talmente elevate da sbriciolare o far fondere il vuoto elettrodebole. Spostandolo improvvisamente da quella placida posizione di equilibrio che occupa da 13,8 miliardi di anni, il vuoto tornerebbe a essere solo vuoto, incapace di svolgere quella funzione essenziale per la costruzione delle forme materiali a cui siamo molto affezionati, compresi noi.

Insomma, sia che si immagini la morte termica nei vari scenari descritti in precedenza, sia che si prenda in considerazione la catastrofe del vuoto elettrodebole, per noi umani, ammesso che ne esistano ancora quando questi fenomeni dovessero verificarsi, le cose non si metterebbero affatto bene.

Negli ultimi cinquant'anni sono state sviluppate svariate teorie che prevedono l'esistenza di un numero enorme di universi differenti tra loro. In questo caso, ci si potrebbe sempre consolare dicendo che con la fine del nostro non succederebbe nulla di grave, visto che tutti gli altri continuerebbero a esistere. Temo che, per il momento, si debba rinunciare a questa magra consolazione, dato che queste teorie, cosiddette del *multiverso*, sono soltanto eleganti congetture, cioè teorie non verificate sperimentalmente per cui non avrebbe molto senso lanciarsi in azzardate speculazioni.

9.
La magnifica illusione

Le sue opere si riconoscono immediatamente per i materiali utilizzati e le drammatiche rugosità che le caratterizzano. Che si tratti di tela di sacco, plastica bruciata con la fiamma ossidrica o creta screpolata, il materiale riveste un ruolo centrale in tutti i lavori di Alberto Burri, uno dei maestri della pittura materica.

Uno dei maggiori artisti della seconda metà del Novecento produceva i suoi lavori strappando, bruciando, talvolta ricomponendo le diverse forme materiali che utilizzava. Qualcuno ha visto in quelle lacerazioni l'evocazione di una ferita, i brandelli di una carne straziata, un grido di dolore e d'angoscia di un'umanità, che dopo aver attraversato gli orrori di una guerra, si è dovuta confrontare di colpo con il rischio dell'olocausto nucleare.

Questa interpretazione troverebbe riscontro nell'esperienza di vita di Burri, chirurgo che partecipò alla Seconda guerra mondiale come ufficiale medico delle truppe italiane in Africa. Burri era un fascista convinto, una camicia nera, fedelissimo di Mussolini. Anche lui, come molti italiani di allora, era sicuro che il Duce avrebbe ricostituito l'impero, al punto da seguire le truppe di occupazione in Etiopia già nel 1935.

Nel marzo del 1943 Alberto Burri ha ventotto anni ed è ufficiale medico, inquadrato nel X Battaglione Mussolini. È inviato, con la sua compagnia, in Africa settentrionale a combattere gli inglesi, ma, dopo pochi mesi, è fatto prigioniero. L'8 maggio Burri viene catturato nei pressi di Tunisi e spedito in un campo di prigionia negli Stati Uniti, assieme a migliaia di altri soldati italiani.

A Hereford, nei pressi di Amarillo, Texas, i prigionieri italiani sono oltre cinquemila e le condizioni di vita difficili, ma sopportabili. La situazione diventa più complicata dopo il settembre del '43, la data dell'Armistizio. Nella primavera del '44 i prigionieri italiani vengono suddivisi fra quelli che prendono le distanze da Mussolini e aderiscono al nuovo governo Badoglio e i cosiddetti fascisti irriducibili. I primi sono liberati e inviati in Italia a combattere con le truppe alleate. Per gli altri la detenzione continua e diventa sempre più dura. Burri è uno di questi prigionieri, sottoposti a condizioni rigidissime, con frequenti ristrettezze e soprusi. È in questo periodo che comincia a dedicarsi alla pittura.

Più tardi ricorderà così i suoi inizi: "Dipingevo tutto il giorno. Era un modo per non pensare a tutto quello che mi stava intorno e alla guerra. Non feci altro che dipingere fino alla Liberazione. E in questi anni capii che io 'dovevo' fare il pittore".

In effetti, con la fine della guerra e il rientro in Italia nel '46, Burri abbandona la professione di medico per dedicarsi soltanto alla pittura. E comincia la sua ricerca che lo porterà dai colori a olio all'uso di carta, cartone, sacchi di juta, catrame, legno, plastica e rottami di ferro. Sono solo alcuni dei materiali che ha utilizzato, spesso mescolandoli al colore. Sceglie e accosta materiali diversi, li strappa, ne lacera la struttura, li ricompone, li brucia. Le sue opere sono piene di saldature, cuciture, torsioni. Già alla fine degli anni quaranta, in totale solitudine, Burri opera una rottura radicale con il linguaggio pittorico tradizionale, difficile da accettare all'epoca. Ci vorranno alcuni decenni prima che il mondo intero si renda conto di trovarsi davanti a uno dei maggiori artisti del Novecento.

Di sicuro l'esperienza traumatica della guerra gioca un ruolo nelle sue opere, ma io condivido l'opinione di quelli che considerano questa interpretazione altamente riduttiva. I lavori del maestro della materia ci dicono qualcosa di più profondo.

Come spesso succede, le opere d'arte prendono significato, agli occhi di chi le guarda, nel dialogo che si intreccia fra la sensibilità dell'artista che le ha fatte e l'esperienza e le strutture mentali dello spettatore che le osserva. Negli anni sessanta, quando Burri produceva, con la fiamma ossidrica, ustioni che laceravano la plastica riducendola a un ammasso di buchi e filamenti raggrumati, non poteva immaginare che decenni dopo, ai miei occhi, quelle strutture richiamassero alla mente la ragnatela di materia oscura che avviluppa il cosmo. Ho sempre visto nelle sue opere il tentativo di dare una forma a ciò che forma non ha, di rappresentare lo sforzo della materia di organizzarsi e acquistare un senso. Accanto al dramma esistenziale ho sempre percepito un discorso di portata più ampia, che riguarda tutti noi: la ferita trasformata in bellezza. In questo caso, la ricerca della bellezza nella rappresentazione dello sforzo sovrumano della materia per organizzarsi in qualcosa di radicalmente nuovo e prezioso per tutti.

La grande euforia del materialismo meccanicistico

La pittura materica di Burri illumina un secolo, il Novecento, nel quale la scienza, con il suo procedere incalzante, occupa ormai il centro della scena. L'influenza delle scoperte scientifiche sui principali artisti del Novecento è ben documentata. Ma l'impatto sulle arti figurative non è che un aspetto di un più generale cambio di paradigma, che condiziona e coinvolge tutte le discipline umane: dal teatro alla letteratura, dalla psicoanalisi alla filosofia.

Il secolo che abbiamo alle spalle è quello nel quale la lunga contesa fra idealisti e materialisti, che aveva percorso i millenni, sembra ormai definitivamente risolta a favore di questi ultimi. Le basi di questo successo erano state poste un secolo prima da due grandi pensatori, Charles Darwin e Karl Marx. Entrambi avevano sottolineato l'importanza dei processi materiali, seppur in ambiti molto diversi tra loro.

Darwin aveva messo in luce i meccanismi materiali alla base dell'evoluzione delle specie viventi. La nostra stessa natura biologica, il nostro corpo, i sensi che usiamo, il modo in cui camminiamo, parliamo, interagiamo con i nostri simili nasce da una lunga storia evolutiva, nella quale basi genetiche e condizionamenti materiali degli ambienti in cui abbiamo vissuto si sono intrecciati. Oggi sappiamo che non è stata una storia lineare, che ci sono state soluzioni abbandonate, vicoli ciechi, inefficienze e passi indietro, ma nessuno più mette in discussione il meccanismo di fondo.

Marx connette l'evoluzione del pensiero e dell'organizzazione di ogni società alla struttura materiale con la quale gli uomini si organizzano per produrre i beni di cui necessitano. Gli studi di antropologia e l'esame approfondito di una sterminata varietà di società delle varie epoche del passato e in differenti regioni del mondo ci hanno portato ad adottare un atteggiamento meno meccanicistico e molto più articolato. Ma rimane una verità di fondo nell'approccio originario; è un dato di fatto che Marx ha modificato il punto di vista dell'umanità sulle proprie organizzazioni sociali, e non è un caso se questa presa di coscienza ha dato origine ad alcuni fra i più grandi cambiamenti sociali della storia.

Tutto questo prepara il terreno, ma è lo sviluppo impetuoso della conoscenza a travolgere ogni resistenza. Resi euforici dai progressi della scienza in tutti i campi, i materialisti di fine Ottocento si ubriacano di successo. Ne nasce l'esaltazione acritica del dato materiale per sé, si inneggia al mito di una materia considerata eterna e infinita. Si celebra una natura autogenerata, destinata a permanere in eterno, nella quale sono iscritte leggi fondamentali che non possono essere violate. L'uomo è considerato un elemento della natura come tutti gli altri, che dovrebbe fare le proprie scelte semplicemente seguendo le leggi immutabili che regolano l'universo.

Nel delirio di onnipotenza del meccanicismo positivista il solo sapere degno di questo nome risulta quello scientifico. Arte, religione, letteratura e filosofia non sono più considerate attività capaci di generare autentica conoscenza. Sono discipline simili a sogni, dalle quali si potrà ricavare, nella migliore delle ipotesi, qualche forma di piacere estetico.

Molti pensano che è solo questione di tempo; verrà presto il momento in cui ogni genere di questioni, comprese quelle che riguardano l'uomo e le sue relazioni con i propri simili, saranno risolte scientificamente. Sarà la scienza a dirci cosa è giusto e cosa è sbagliato, cosa è bello e cosa è brutto.

Riecheggia in questo farneticare la frase celebre del grande fisico e matematico francese Pierre-Simon de Laplace, che nel 1812 aveva scritto quello che da molti è considerato un vero e proprio manifesto del meccanicismo positivista: "Noi dobbiamo considerare lo stato presente dell'universo come l'effetto del suo stato anteriore e la causa di quello che seguirà. Un'intelligenza che, per un istante dato, conoscesse tutte le forze da cui la natura è animata e la situazione rispettiva degli esseri che la compongono, se fosse abbastanza vasta per sottomettere questi dati al calcolo, abbraccerebbe nella stessa formula i movimenti dei più grandi corpi dell'universo e quelli del più leggero atomo: niente sarebbe incerto per essa e l'avvenire, come il passato, sarebbe presente ai suoi occhi".

La concezione materialistico-meccanicistica riduce il mondo a quattro entità: materia, forze, spazio e tempo. Gli ultimi due sono contenitori astratti, imperturbabili, totalmente indipendenti dagli avvenimenti e dai processi fisici che avvengono al loro interno. Le leggi matematiche universali della meccanica che governano il moto sono sufficienti a dare spiegazione a ogni fenomeno che possa avvenire entro quei contenitori.

Questa visione meccanicistica del tutto diventa dominante alla fine dell'Ottocento. Sono tali e tanti i progressi della scienza nella chimica, nella termodinamica, nella meccanica e in molte altre discipline che nulla sembra poter contrastare l'idea che il mondo intero si comporti come una grande macchina.

A far crollare questa convinzione, legata a una fiducia illimitata nel futuro, saranno gli avvenimenti che da lì a poco precipiteranno l'Europa nel baratro. Con la carneficina della Prima guerra mondiale, l'euforia della Belle Époque e la speranza di un mondo illuminato dal progresso e dalla conoscenza svaniscono di colpo. Le immani tragedie che accompagneranno e seguiranno il Primo conflitto mondiale manderanno in crisi per sempre l'idea di progresso guidato dall'evoluzione scientifica e razionale dell'umanità.

La cosa curiosa, vera e propria eterogenesi dei fini, è che negli stessi anni in cui intellettuali e opinione pubblica celebravano il trionfo del meccanicismo materialistico, un gruppetto di scienziati visionari gettava le basi di una nuova concezione della materia, talmente inusuale e rivoluzionaria, che avrebbe definitivamente mandato in soffitta il meccanicismo materialista. Con la nascita di relatività e meccanica quantistica, proprio dal cuore della ricerca scientifica più avanzata prende avvio la critica più radicale a quel modello materialistico-deterministico che sembrava dominante. Mentre avveniva tutto questo, i grandi sommovimenti che avevano portato alla Rivoluzione d'ottobre in Russia avevano elevato il materialismo a un tale livello di trionfo politico da renderlo filosofia di stato.

Il materialismo di stato

Nell'elaborazione filosofica di Vladimir Ilič Uljanov, detto Lenin, la vittoria della Rivoluzione russa rappresentava la più chiara dimostrazione della superiorità del materialismo nei confronti dell'idealismo. Le due correnti di pensiero si erano confrontate e combattute per millenni, ma ora nessuno poteva più avere dubbi. L'affermazione dei bolscevichi, con l'instaurazione della dittatura del proletariato, non sanciva soltanto la nascita della forma istituzionale grazie a cui la classe degli sfruttati e degli oppressi esercitava il potere; era anche l'incarnazione del successo di una nuova visione del mondo, che collocava la materia nel posto centrale che le spettava, relegando tutto il resto nel novero delle superstizioni e degli inganni.

Fu così che nella Russia sovietica il materialismo divenne filosofia di stato. Veniva insegnato a milioni di giovani, era studiato nelle migliori università, propagandato in tutti gli ambiti, da quello educativo a quello artistico e culturale in senso lato.

Quando la direzione del partito fu assunta da Iosif Vissarionovič Džugašvili, detto Stalin, l'approccio divenne, se possibile, ancora più sistematico e invasivo. Venne istituita una sezione apposita del Comitato centrale del partito che si occupava di questioni ideologiche, culturali e filosofiche. Non c'era opera letteraria, balletto o sinfonia, produzione cinematografica o attività di ricerca artistica e scientifica che non venisse dettagliatamente esaminata, per valutarne la coerenza con l'impostazione filosofica generale del partito. Per chi non si allineava i rischi erano enormi, inclusi deportazione e fucilazione.

Il personaggio più emblematico di questa attenzione paranoica fu Andrej Ždanov, nominato personalmente da Stalin a capo della struttura che doveva garantire la coerenza della politica culturale sovietica con i principi del materialismo. Artisti, scienziati e intellettuali avrebbero dovuto uniformare le loro opere alla linea del partito. Sotto Ždanov la faccenda assunse contorni allucinanti. Si arrivò all'assurdità di pensare di mettere in discussione persino le leggi scientifiche. Il primato del partito in campo ideologico e culturale non ammetteva limiti né confini.

I bersagli principali di una vera e propria campagna di delegittimazione della scienza moderna furono la teoria del Big Bang, la meccanica quantistica e la relatività. Attorno alla fine degli anni quaranta Ždanov decise di scatenare una battaglia per la purificazione della scienza dalle idee considerate borghesi, menzognere e foriere di illusioni. Nessun ramo del sapere scientifico venne risparmiato, la scure del massimo custode dell'ortodossia sovietica colpiva senza pietà nel campo della fisica e della cosmologia.

Attenzione, Ždanov non contestava i contenuti delle nuove discipline, che infatti venivano studiate e sviluppate in tutte le università della Russia sovietica. Non a caso la generazione di fisici dell'epoca staliniana risulterà particolarmente ricca di eccellenti scienziati: Pëtr Kapica, Igor Tamm, Lev Landau, Pavel Čerenkov, per citare solo alcuni fra quelli che verranno premiati con il Nobel per la fisica. Ma non bisogna dimenticare Andrej Sacharov e Bruno Pontecorvo, il più giovane dei ragazzi di via Panisperna, che si trasferirà a lavorare in Russia perché comunista convinto.

Il furore ideologico di Ždanov colpiva soprattutto le interpretazioni filosofiche delle nuove discipline, ma nella foga della polemica finiva per travolgere inevitabilmente una parte rilevante dei loro contenuti scientifici.

Nei documenti prodotti in quel periodo, siamo nel 1947, si leggono frasi di questo genere: "La scienza borghese moderna fornisce al clericalismo, al fideismo, nuove argomentazioni [...]. Le stranezze kantiane dei moderni fisici atomici borghesi li portano a conclusioni sul libero arbitrio dell'elettrone, a tentativi di rappresentare la materia solo come un certo insieme di onde e ad altre diavolerie".

Il principio di indeterminazione diventava oggetto di attacchi violenti, perché era considerato il cuore delle visioni idealistiche di Bohr e Heisenberg. Veniva considerata molto pericolosa l'idea che ci potessero essere "limiti alla precisione delle nostre misurazioni, che non possono essere superati da nessun dispositivo reale, limiti che dipendono dalle proprietà dell'oggetto in studio, diverso dalle proprietà del punto materiale della meccanica classica".

Ma l'attacco più feroce venne riservato al Big Bang. L'idea di un universo finito e in espansione venne descritta come un "tumore canceroso che corrode la teoria astronomica moderna ed è il principale nemico ideologico della scienza materialista. [...] La teoria generale della relatività da sola non è sufficiente per derivare una teoria cosmologica corretta". Il Big Bang veniva bollato come teoria pseudo-scientifica e idealista, perché suggeriva una nascita dell'universo troppo simile a quella descritta nella *Genesi* biblica. Il fatto che all'origine della teoria ci fosse il lavoro di Georges Lemaître, sacerdote gesuita, oltre che fisico e cosmologo, aumentava le diffidenze dell'establishment staliniano. Lo spostamento verso il rosso delle galassie, il *red shift*, segno inequivocabile del loro allontanamento, sarebbe stato solo un pretesto. "Gli scienziati reazionari Lemaître, Milne e altri utilizzano il red shift per rafforzare le concezioni religiose sulla struttura dell'universo. I falsificatori della scienza vogliono far rivivere la favoletta dell'origine del mondo dal nulla."

Poco importava se in quegli stessi anni la teoria assumeva i contorni di un vero e proprio modello fisico dell'universo primordiale grazie a George Gamow. A sostenere il Big Bang, in questo caso, era uno scienziato notoriamente ateo e per di più di origine russa. Ma aveva la colpa di essere fuggito dall'Unione Sovietica per riparare negli Stati Uniti, cosa che non gli fu perdonata. La sua teoria venne bollata come non scientifica perché sviluppata da un apostata americanizzato.

Erano gli anni della Guerra fredda, del confronto più duro fra le potenze uscite vincitrici dalla Seconda guerra mondiale. In Unione Sovietica si viveva nell'incubo di un attacco da parte degli Stati Uniti, al tempo unico paese detentore di armi nucleari. Lo sviluppo della bomba atomica era in cima alla lista delle priorità dei programmi di ricerca sovietici.

Con la morte dello stesso Ždanov prima, e di Stalin alcuni anni dopo, le critiche ai migliori scienziati russi finirono con l'attenuarsi significativamente. Molte delle polemiche più accese di quegli anni vennero dimenticate, a partire dal momento in cui quegli stessi scienziati, che avevano un'assoluta padronanza di relatività e meccanica quantistica, dimostrarono di saperle usare molto bene per gli scopi considerati prioritari dal partito. Il 29 agosto 1949, nel poligono di Semipalatinsk, in Kazakistan, esplodeva la prima bomba al plutonio sovietica.

Il materialismo moderno

La fisica del XX secolo archivia definitivamente ogni tentazione di realismo grossolano e di meccanicismo materialistico. I nuovi fenomeni che meccanica quantistica e relatività permettono di esplorare cambiano radicalmente le coordinate del materialismo. La scienza moderna riconduce a forme materiali l'universo nel suo complesso, compreso lo spazio-tempo, ma la concezione di materia che utilizza è profondamente diversa rispetto a quella tradizionale.

L'idea di uno spazio e un tempo eterni e immutabili, dentro cui si aggirano forme materiali intrinsecamente persistenti, è demolita alle radici. Lo spazio-tempo è nato assieme alla massa-energia ed entrambi i costituenti hanno subìto un'evoluzione caratterizzata da numerose trasformazioni e vere e proprie catastrofi. Minime differenze, dettagli apparentemente insignificanti, hanno prodotto effetti decisivi per tutta la storia successiva.

Una fase inflazionaria appena più prolungata, un bosone di Higgs meno pesante, o una sua interazione più forte con i quark più leggeri o gli elettroni, una diversa differenza di massa fra protone e neutrone e non avremmo avuto né stelle, né pianeti, né tantomeno scimmie antropomorfe dotate di coscienza di sé che cercano di spiegarsi il mondo.

Il nostro universo nasce e si sviluppa in modo casuale e caotico, trova equilibri quasi stabili rotolando sull'orlo del baratro, costruisce un'impressione di solidità e persistenza, e, contemporaneamente, ospita le forme materiali più cangianti ed effimere che mente umana possa immaginare.

Sotto tutti questi processi agiscono principi della fisica che ci riesce difficile comprendere alla radice. Talvolta nascono da simmetrie profonde, altre volte ci sembrano del tutto arbitrari, anche se nessuno dubita ormai della loro correttezza.

Un universo che nasce spontaneamente dal vuoto, anzi, che è ancora oggi uno stato di vuoto che ha subìto, grazie a meccanismi del tutto casuali, un'incredibile metamorfosi, è un concetto che avrebbe fatto strabuzzare gli occhi a Ždanov e ai suoi accoliti, ma lascia senza fiato anche noi, scienziati moderni.

Un universo costituito soprattutto di energia e materia oscura, elementi inafferrabili che compongono la stragrande maggioranza del mondo materiale che ci circonda, elimina sul nascere qualunque tentazione di materialismo grossolano.

Alle origini delle prime speculazioni filosofico-scientifiche c'è sicuramente quello scacco primigenio, quel senso di fragilità e inadeguatezza che ha colto i primi uomini, creature mortali esposte a tutti i rischi, quando hanno contemplato, incantati, Sole e Luna, montagne e cielo stellato.

Per migliaia di anni l'umanità si è vista come l'elemento più fragile di uno scenario naturale eterno e immutabile, che non a caso è stato divinizzato.

Ma da questo scacco è nato quanto di più bello sia mai stato prodotto dal genere umano: l'arte e la filosofia, la scienza e la religione. Da qui è sorta la spinta a costruire opere immortali: le tombe dei faraoni che rivaleggiano con le montagne o le grandi costruzioni religiose e filosofiche destinate ad attraversare i secoli.

Oggi si scopre che quella fragilità, di cui ci siamo così tanto vergognati e che ha costituito per noi un elemento permanente di angoscia, è un tratto comune all'intero mondo materiale. La scienza moderna ci dice che tutte le forme materiali dotate di una qualche consistenza soffrono di questa intrinseca fragilità; non c'è niente, neanche fra le strutture più imponenti, che possa sottrarsi a questa legge, a questa sorta di peccato originale. Parlare di forme materiali permanenti, in un universo sottoposto a trasformazioni di queste proporzioni, fa sorridere.

Non c'è nulla di eterno e immutabile. La nostra esistenza può arrivare a durare quasi un secolo, la vita di un pianeta o di una galassia si prolunga per miliardi di anni, ma niente può sottrarsi a questo destino di caducità, seppure su scale temporali completamente diverse.

È come se la scienza moderna chiudesse un grande cerchio apertosi alla sua nascita, migliaia di anni fa.

Ma nel momento del massimo trionfo di questa disciplina non bisogna dimenticare che la scienza ha dei limiti molto precisi. È tutt'altro che onnipotente. È uno dei prodotti più raffinati della nostra capacità di formulare una visione del mondo e ci ha condotto a risultati strabilianti, soprattutto da quando è stato sviluppato il metodo galileiano che ci ha permesso di esplorare gli angoli più reconditi della natura. La potenza del metodo scientifico non è in discussione, è l'arma segreta che ha consentito a questa disciplina di svilupparsi a una velocità incredibile.

Ma la scienza non può fare tutto. Il metodo che ha dato risultati così eclatanti non si applica all'intero reale. Tanto è efficace nell'identificare i meccanismi che regolano i processi materiali misurabili e riproducibili, quanto balbetta, o risulta del tutto impotente, nell'affrontare i fenomeni privi di queste caratteristiche. E la nostra vita, per non parlare della comunità complessa degli umani, è caratterizzata proprio da questo tipo di fenomeni. Pensiamo, per esempio, alle emozioni – la paura, l'amore –, o alle questioni etiche – che cosa è bene e che cosa è male –, o estetiche – che cosa è bello e che cosa è brutto. Sono tutte cose estremamente serie e reali tanto quanto un aereo che vola o un sasso che cade. Ma la scienza non può intervenire su tali questioni per principio, proprio perché una comunità umana di individui pensanti, liberi e interagenti fra loro non può essere trattata come un sistema fisico.

Nessuno di questi fenomeni è ripetitivo e misurabile, le reazioni che nascono dalle interazioni dell'individuo con la comunità non possono essere sottoposte a leggi generali. L'illusione di capire il funzionamento del cervello umano usando gli stessi strumenti che ci hanno permesso di capire il funzionamento di altri nostri organi è tramontata da tempo. Nessuno più ragiona come Pierre Jean Georges Cabanis, medico francese del Settecento, rimasto famoso per questa sua sentenza: "Il cervello secerne il pensiero, così come il fegato secerne la bile". Le cose sono molto più complicate di così.

Lo stesso vale, a maggior ragione, per le questioni giuridiche o sociali, quelle che riguardano il miglior modo di organizzare la convivenza di singoli o gruppi all'interno di una società, o quelle politiche, che definiscono valori e obiettivi di una comunità. Quando non c'è uno standard, quando non sono possibili esperimenti ripetibili, noi scienziati dobbiamo tenerci alla larga. Sulle questioni etiche o estetiche o sul modo migliore per organizzare una società o giudicare un'opera d'arte la scienza non può pronunciarsi. E meno male che è così. Attenzione a non dare alla scienza un compito che non le compete. Non può essere demandato agli scienziati più di quello che possono fare.

Ma cos'è veramente la materia?

Se anche ci si limita al mondo dei fenomeni riproducibili, il concetto moderno di materia nasconde parecchie trappole e presenta moltissime contraddizioni. È tutto molto meno semplice di quello che si pensi. Oggi possiamo dimostrare che Laplace, quando sosteneva la tesi di un universo deterministico, si sbagliava alla grande.

Anche solo immaginare di conoscere, in un dato istante e con precisione infinita, le condizioni di ogni singola particella che compone il nostro universo violerebbe tutta una serie di principi della fisica.

Effettuare una misura contemporanea su sistemi separati da decine di miliardi di anni luce significa violare la relatività; l'unico modo di sincronizzare attività così distanti nel tempo e nello spazio sarebbe trasmettere segnali a velocità illimitata.

Immaginiamo poi, solo per un istante, complessità e dimensioni degli apparati di misura necessari per investigare lo stato di ogni singolo componente materiale dell'universo. Una frazione non trascurabile della materia dell'universo dovrebbe essere organizzata in strumento di misura. Chi ci garantisce che questa trasformazione non avrebbe un impatto sull'esito stesso della misurazione?

Occorrerebbe poi progettare e realizzare un apparato di misura ausiliario, che controlla lo stato materiale dei singoli componenti dell'apparato di misura principale, così come degli scienziati che ne analizzano i dati e infine un terzo che controlla il secondo e così via, fino a costruire una sorta di immane struttura frattale.

Ma se anche fosse possibile far collassare, per così dire, nello stesso istante tutte le funzioni d'onda e concentrare immediatamente le informazioni raccolte in un potentissimo elaboratore centrale, il principio di indeterminazione ci impedirebbe di conoscere esattamente, con precisione infinita, lo stato di ogni particella materiale. Altrimenti dovremmo violare le basi stesse della meccanica quantistica.

Persino se, per uno strano miracolo, potessimo avere accesso allo stato quantico *istantaneo* di tutte le particelle elementari dell'universo, misurato con precisione infinita, questa conoscenza non ci sarebbe di grande aiuto. Nel comportamento successivo delle particelle sottoposte a misura si ripresenterebbero implacabilmente i meccanismi aleatori che caratterizzano l'evoluzione della materia su scala microscopica. Ignorando che noi, per un attimo, le abbiamo spiate e costrette a congelarsi in uno stato definito, continuerebbero ben presto a ricoprire liberamente tutti gli stati permessi, senza obbedire a nessuna particolare sequenza prestabilita. Nessuno potrebbe prevedere esattamente, istante per istante, l'evoluzione nel tempo di ogni singola particella dell'universo. Ci dovremmo accontentare, ancora una volta, di valori medi e distribuzioni di probabilità che renderebbero vane le ipotesi da cui era partito l'enorme sforzo.

Per non parlare di quello che succede nelle zone a noi precluse. Può darsi che intere regioni dell'universo, per esempio quelle nascoste dietro l'orizzonte degli eventi dei buchi neri, obbediscano a leggi della fisica che non conosciamo. Potrebbe anche capitare che nessuno degli strumenti logici e matematici, che abbiamo sviluppato per descrivere quegli angoli tranquilli dove vigono condizioni di stabilità ed equilibrio, sia utilizzabile per capire le leggi che governano le regioni altamente perturbate. Nessuno è in grado di escludere che esistano altri principi inviolabili, di una fisica che ancora non conosciamo e che si cela nelle regioni caratterizzate dai fenomeni più turbolenti e catastrofici del cosmo.

Insomma, mentre la fisica moderna celebra il trionfo dell'approccio materialistico, produce in realtà una visione della materia molto diversa dall'immagine rassicurante che abitualmente le viene attribuita.

Per certi versi la materia è stata per gli umani una meravigliosa illusione. Contrapponendola al mondo delle idee, *che non si vedono e non si toccano*, è sempre stata una specie di rifugio consolatorio. Il materialista tradizionale vedeva in essa una componente stabile e duratura, qualcosa di imperturbabile e perenne, che costituisce una base solida per il tutto. Anche la materia è sottoposta a trasformazioni, ma l'idea che atomi o particelle, indivisibili e indistruttibili, possano spiegare composizione e comportamento di tutte le strutture materiali, dalle più infime alle più mastodontiche, ha rassicurato gli umani per millenni.

La consapevolezza di essere fatti della stessa sostanza dei corpi celesti che illuminano il cielo ci ha consolato e difeso dall'angoscia. È diventata sopportabile persino l'idea della morte, vista come un ritorno alla madre-terra. Il nostro corpo va in disfacimento, la nostra identità svanisce, ma i componenti materiali sopravvivono, rientrano nel grembo della grande madre, la materia indistruttibile ed eterna.

L'illusione che i componenti ultimi della materia siano qualcosa di solido e persistente è stata messa seriamente in discussione dalla scienza contemporanea. I costituenti elementari non solo non si possono vedere, né tantomeno toccare, ma seguono regole talmente differenti da quelle che governano il mondo macroscopico da mettere in crisi qualunque nostro tentativo di afferrarli, anche solo concettualmente. Sono onde ubique che possono trovarsi ovunque e insieme particelle localizzate in un punto molto preciso; sono stati materiali cangianti, che oscillano continuamente fra identità in apparenza diverse, ma sotterraneamente unite da profonde simmetrie; sono particelle legate da relazioni stravaganti con altre particelle, talvolta così distanti dalle prime da sembrare insensibili allo spazio che le separa; stati materiali che compaiono e svaniscono dal vuoto a un ritmo infernale o che scambiano interazioni con tutto quello che li circonda, comprese le forme materiali più distanti.

E se tutto questo non bastasse, molte delle loro proprietà, per esempio la massa, dipendono da delicati meccanismi che potrebbero rompersi all'istante, producendo catastrofi le cui proporzioni sono difficili da immaginare.

Infine, tutto, ma proprio tutto, non è altro che una forma di vuoto. Quella che speravamo potesse essere una base materiale solida, da contrapporre all'evanescenza dell'approccio idealistico, risulta altrettanto impalpabile, talmente sfuggente da rischiare di confondersi con un concetto filosofico.

Il nostro mondo materiale è fatto di vuoto. La conclusione che ha raggiunto la scienza sembra quasi una beffa. Cercando qualcosa di solido e materiale su cui poggiare la spiegazione del tutto ci si è trovati a togliere qualsiasi consistenza rassicurante all'intero mondo materiale, non solo al nostro, ma anche a quello delle strutture cosmiche più imponenti.

E se le particelle ci nascondessero segreti inconfessabili?

Le cose si complicano ulteriormente se si considera da vicino il mondo delle particelle. Ci sono troppe cose che non tornano. Il sospetto che quark e leptoni nascondano segreti inconfessabili circola da tempo fra noi scienziati. Alcune domande fondamentali sono già state poste. Per esempio, la suddivisione in fermioni e bosoni fra le particelle che costituiscono la materia e quelle che portano le forze. Ma ce ne sono molte altre, dalla cui risposta potrebbero scaturire grandi sorprese.

Perché tre famiglie di quark e leptoni e non quattro o cinque? Le particelle del Modello Standard sono davvero elementari o hanno una sotto-struttura nascosta? Non sappiamo chi dà la massa ai neutrini, visto che sono troppo leggeri per ipotizzare un'interazione con il bosone di Higgs. Quale altro meccanismo è entrato in funzione e quando?

E che dire delle interazioni, a partire dalla gravità? Perché è così debole? Come si comporta sulle piccolissime distanze? Non sappiamo in che forma riduce la materia, quando la comprime in un buco nero. Inoltre, le interazioni fondamentali che abbiamo visto in azione sono le uniche forze dell'universo o ce ne sono altre nascoste?

Quanto poi alle costanti fondamentali della natura, come la velocità della luce o la costante di Planck, non capiamo assolutamente da dove vengano. C'è una teoria che permette di ricavarle? Sono davvero costanti o cambiano nel tempo? Lo spazio-tempo ha una struttura microscopica? Esistono grani di spazio o di tempo a costituirne la trama sottile? Le dimensioni spaziali sono solo tre, oppure ne esistono altre nascoste?

La lista di domande senza risposta potrebbe essere molto più lunga, ma l'unica cosa certa è che saranno nuovi dati sperimentali a sciogliere la maggior parte di tali questioni.

Capiterà prima o poi che, in un acceleratore di particelle o in un laboratorio di astrofisica, un ragazzo o una ragazza che studia i dati insieme a un gruppo di giovani colleghi troverà qualcosa di totalmente inaspettato. Quel giorno, forse, una di queste domande avrà risposta e l'evento potrebbe cambiare radicalmente, ancora una volta, il nostro punto di vista sulla materia e sull'universo.

La bellezza del nostro lavoro è che siamo sicuri che prima o poi questo succederà, solo che non sappiamo quando. Potrebbe avvenire domani, o forse bisognerà attendere cinquant'anni e una nuova generazione di giovani menti brillanti che si cimentino con le sfide della moderna ricerca scientifica. A loro è dedicato questo libro.

Epilogo

Biella, 23 novembre 2021

Alla fine sono arrivato a Biella, ma il viaggio in auto è stato piuttosto impegnativo. Sono partito la mattina presto perché l'incontro è previsto per le undici. Sono qui per un insieme di circostanze casuali.

Tutto è cominciato l'estate scorsa, in agosto, quando mi hanno invitato a parlare di scienza ad Arte Sella, un'immensa esposizione di arte contemporanea, un museo all'aperto immerso in una vallata selvaggia, nei pressi di Borgo Valsugana, in provincia di Trento, nel Nord Italia. Lì ho conosciuto Emanuele Montibeller, che di Arte Sella è stato l'ideatore e che mi ha accompagnato, dopo la conferenza, nel lungo percorso che tocca le grandi opere immerse nella natura. È stato lui a organizzare questo incontro.

Biella, città della lana, vanta una tradizione millenaria. È la capitale del tessile, perché vi si produce ancora oggi poco meno della metà di tutta la stoffa pregiata fabbricata nel mondo. L'antica vocazione si riscontra nelle decine di lanifici ottocenteschi che sono presenti ancora oggi nella cittadina. Alcuni sono divenuti moderne manifatture, altri sono stati abbandonati.

In uno di questi, la Fondazione Pistoletto ha fatto nascere *Cittadellarte*, una vera e propria cittadella ideata per proteggere l'arte e progettare il futuro della comunità. È lì che stiamo andando.

Quando Emanuele mi ha chiamato, qualche settimana fa, e mi ha detto che Michelangelo Pistoletto avrebbe avuto piacere di fare una chiacchierata con me, non ci potevo credere. Ho accettato subito, senza esitazioni.

Non è stata soltanto l'ammirazione sconfinata che nutro nei suoi confronti. Pistoletto è uno dei maggiori artisti viventi. Noto in tutto il mondo per essere il protagonista più autentico dell'Arte povera, ha prodotto lavori esposti nei maggiori musei. La sua *Venere degli stracci*, i quadri specchianti, il *Terzo Paradiso* sono fra le opere d'arte più conosciute e hanno segnato l'immaginario collettivo dell'umanità intera. Ma nell'entusiasmo con il quale ho accolto la proposta c'era anche dell'altro, qualcosa di molto personale e profondo. Come se dovessi incontrare Pistoletto per chiudere un cerchio.

Ne ho avuto conferma quando, prima di affrontare l'argomento che gli stava a cuore, Pistoletto mi ha accompagnato a vedere le sue primissime opere, lavori molto diversi da quelli che l'hanno reso famoso.

Pistoletto resta stupito che io lo interroghi sui minimi dettagli delle tecniche che allora utilizzava; leggo la sorpresa nei suoi occhi di fronte al mio uso di termini tecnici, o per il fatto che voglio sfiorare la superficie delle opere e poi osservarle da vicino per memorizzarne tutti i particolari. Quando mi chiede da dove provenga questa mia curiosità, e una certa dimestichezza con spatole, raschietti, fondi acrilici, schiume in poliuretano e così via, gli parlo di mio padre, Giuliano, il figlio di Guido, il sarto.

Mio padre era ferroviere di professione, ma talmente appassionato d'arte da sottrarre risorse al magro bilancio famigliare – siamo negli anni cinquanta –, per prendere lezioni di disegno e pittura dai maestri spezzini del gruppo di Corrente. Il giovane capostazione, che ha sulle spalle una famiglia numerosa, coltiva una passione bruciante, fonda il sindacato degli artisti, aderisce al movimento Informale. Da lui ho imparato a riconoscere il segno di ogni pittore e capirne la tecnica. Il suo metodo di insegnamento era incredibilmente efficace. Se da ragazzo gli dicevo che avevo visto da qualche parte una tela di Morlotti o di Schifano che mi era piaciuta, lui mi portava nel suo piccolo studio e mi faceva toccare con mano i segreti delle loro tecniche; in poche ore vedevo nascere sotto i miei occhi due quadretti, la cui attribuzione avrebbe messo in difficoltà anche i critici più accurati. Tutti i suoi sforzi di insegnarmi la tecnica che lui padroneggiava così magistralmente si sono rivelati vani; però mi ha trasmesso quell'amore per l'arte e la bellezza che non mi ha più lasciato.

Quando racconto tutto questo a Pistoletto i suoi occhi si illuminano. "Anche mio padre faceva il pittore. È da lui che ho ereditato questa passione." In quel momento capisco che cosa mi ha portato lì, a chiudere quel cerchio che la morte improvvisa di mio padre, nel 2011, aveva lasciato aperto. L'evento inaspettato aveva di colpo interrotto quelle nostre discussioni sull'arte, che partivano spesso dai piccoli quadri che lui continuava a dipingere, anche dopo avere superato da un pezzo gli ottant'anni. In Michelangelo Pistoletto ho ritrovato la stessa bruciante passione: è un po' come se avessi ritrovato mio padre.

Pistoletto è particolarmente interessato a quello che la scienza contemporanea dice sull'origine dell'universo. "Non capiremo mai chi siamo veramente se non riusciamo a capire l'origine del tutto." Da questo punto di forte contatto fra lo scienziato e l'artista è partita la discussione. Che affronto, inizialmente, con cautela. Temo di fare affermazioni che possano in qualche modo ferire la sensibilità dell'artista o equivochino il significato della sua ricerca.

Insomma, ci avviciniamo lentamente al cuore del problema; ma poi capisco che in realtà Pistoletto vuole che io parli con estrema franchezza, senza compromessi, di quello che sostiene la scienza moderna sull'origine della materia. Mi ha chiamato per questo e tradirei le sue aspettative se, per cortesia o rispetto nei suoi confronti, trascurassi qualunque dettaglio nei suoi lavori che fosse in contrasto con le conoscenze più recenti della fisica contemporanea. E così rompo gli indugi.

Discutiamo a lungo nell'Universario, l'area del museo

concepita come una sorta di centro di ricerca. Il segno del *Terzo Paradiso* campeggia nella grande lavagna dell'ingresso. La parola "infinito" occupa i due cerchi esterni, a esprimere il collegamento microcosmo-macrocosmo, mentre nel cerchio centrale c'è scritto "spazio-tempo" a indicare l'universo. Faccio notare che qui manca un elemento importante, perché gli ingredienti materiali dell'universo sono due: spazio-tempo e massa-energia ed entrambi devono essere citati, sono essenziali per capirne la nascita. E parliamo per ore di come spazio-tempo e massa-energia possano scaturire spontaneamente dal vuoto e produrre un universo pieno di meraviglie.

Alcuni mesi dopo il nostro primo incontro, ci siamo rivisti a Biella, e Pistoletto mi ha portato subito all'Universario. Mi sono accorto immediatamente che qualcosa era cambiato: nella formula della creazione ora l'universo si sviluppava attraverso la combinazione di spazio-tempo e massa-energia. Non ho potuto che emozionarmi nel vedere rappresentato, con la potenza del segno di un grande artista, tutto quello che sappiamo oggi della nascita dell'universo. Mi ha colpito nel profondo constatare che le nostre chiacchierate hanno spinto uno dei più grandi artisti della nostra epoca a modificare il suo lavoro. Pistoletto l'ha fatto con umiltà e io ne sono rimasto toccato.

In quel momento di forte emozione ho pensato a quanto sarebbe stato felice mio padre, Giuliano, il figlio del sarto, se avesse potuto essere lì con noi.

Ringraziamenti

Desidero ringraziare il caro amico Antonello Mattone, grande storico, che mi ha fatto rivivere la vita da film di Poggio Bracciolini, raccontandomela come potrebbe fare un testimone diretto degli avvenimenti.

Un pensiero particolare a Emanuele Montibeller, che mi ha fatto il regalo di mettermi in contatto con Michelangelo Pistoletto. Lo ringrazio infinitamente per questo e per le molte chiacchierate sull'arte e sulla vita che abbiamo fatto assieme.

Considero un privilegio immenso l'aver potuto frequentare in questi anni il maestro Pistoletto e la dolcissima Maria. Le lunghe conversazioni che abbiamo avuto assieme sono servite di ispirazione per molte parti di questo libro.

Un grazie particolare a Quirino Principe che mi ha fatto conoscere aspetti del mondo della musica di cui non sospettavo neppure l'esistenza.

Immensa riconoscenza infine a Luciana, la preziosa compagna della mia esistenza, per aver letto e criticato tutto il manoscritto, spronandomi incessantemente a renderlo sempre più chiaro e incisivo. Senza di lei, non solo questo libro non sarebbe mai venuto alla luce, ma la mia stessa vita sarebbe stata decisamente più grigia e insignificante.

Indice

Made in the USA
Monee, IL
08 November 2026

67968602R00113